U0334284

河南林木良种

（四）

谭运德　申洁梅　高福玲　主编

中国林业出版社

图书在版编目（CIP）数据

河南林木良种. 四/谭运德，申洁梅，高福玲主编. –北京：中国林业出版社，2019.4
ISBN 978-7-5219-0083-5

Ⅰ. ①河⋯　Ⅱ. ①谭⋯②申⋯③高⋯　Ⅲ. ①优良树种–河南　Ⅳ. ①S722

中国版本图书馆 CIP 数据核字（2019）第 096482 号

责任编辑：于界芬

出版　中国林业出版社（100009　北京西城区刘海胡同 7 号）
网址　lycb. forestry. gov. cn　电话　83143542
发行　中国林业出版社
印刷　固安县京平诚乾印刷有限公司
版次　2019 年 4 月第 1 版
印次　2019 年 4 月第 1 次
开本　787mm×1092mm　1/16
印张　9. 5　彩插　32
字数　213 千字
定价　58. 00 元

本书编委会

主　　编：谭运德　申洁梅　高福玲

副 主 编：刘占朝　郑晓敏　崔向清　闫凤国

编写人员：（按姓氏笔画排序）

丁朝阳　卫发兴　马姝红　马　超　王少波

王　丽　田　彦　冯晓三　曲现婷　朱景涛

乔　良　刘银萍　闫立新　杨彦利　杨振宇

李中香　李　冰　李红卫　李玲鸽　宋言生

张开颜　陈丽娟　邵明丽　金保全　周红勇

郑红建　赵庆涛　赵琼杰　侯　波　姚冠忠

郭　磊　彭志强　程智远　鄩广运　穆　笋

顾　　问：苏金乐

审　　稿：苏金乐

序

在新中国成立 70 周年之际，为了普及林木良种知识，大力推广使用林木良种，我们组织编辑了《河南林木良种（四）》一书。该书详细介绍了 2016—2018 年河南省林木品种审定委员会审（认）定通过的 134 个林木良种的品种特性、适宜种植范围及栽培管理技术。该书的出版是对近 3 年来全省林木育种成果的集中展示，是对育种工作者辛勤劳动和研究成果的充分肯定，也为林业工作者和广大林农提供了一部实用的工具书，对推广应用这些林木良种具有重要参考和指导作用。

为认真贯彻落实习近平生态文明思想，践行"绿水青山就是金山银山"的发展理念，承担起筑牢生态安全屏障、夯实生态根基的重大任务。2018 年 11 月，全国绿化委员会、国家林业和草原局印发的《关于积极推进大规模国土绿化行动的意见》提出，要通过大规模国土绿化行动，增加生态资源总量，提升生态服务功能，全力筑牢国土生态安全屏障。2018 年 9 月，河南省人民政府印发的《森林河南生态建设规划（2018—2027 年）》，提出了"五年增绿山川平原，十年建成森林河南"的目标和"全面开花、大幅增绿，优化结构、提升质量，拓展功能、增强效益"的要求，通过全面开展国土绿化提速行动，深入推进山区森林化、平原林网化、城市园林化、乡村林果化、廊道林荫化、庭院花园化"六化"建设，提高造林绿化成效，满足人民群众对良好生态环境的需要。

林以种为本，种以质为先。林木种苗是造林绿化的基础，良种壮苗是"增绿提质"的关键。使用良种壮苗造林，不仅能极大地提高林分生长量，改善森林质量，还能带来良好的生态效益和经济效益。从一定意义上讲，林业发展的关键在良种，希望在良种，潜力在良种。我省要完成《森林河南生态建设规划》确定的目标任务，实现林业提质增效，需要大力加强林木良种选育和推广，进一步加大林木良种宣传力度，建立并实行新造林优先使用良种制度，不断提高造林良种使用率。

近年来，在各级科研教学生产单位的共同努力下，我省林木良种选育工作保持了良好发展态势，取得了显著成效。当前和今后一段时间，大规模国土绿化行动和森林河南建设将对林木种苗数量需求更大、质量要求更高。希望全省务林人特别是林木育种工作者，着眼我省现代林业建设需要，紧紧围绕解决我省乡土树种、生态树种良种选育工作薄弱与杨絮污染严重等问题，进一步加强泡桐、楸树、椿树、白蜡、楝树、榆树、国槐、银杏等乡土树种的良种选育，充分利用全省林木种质资源普查成果，加强野生优质种质资源开发利用，为树种结构调整提供更多可供选择的林木良种，为美丽河南、出彩河南建设作出新的贡献。

河南省林业局　副局长

2019 年 3 月

前　　言

《河南林木良种》系列丛书自 2008 年 10 月第一册问世，第二、三册也于 2013 年 12 月和 2016 年 10 月相继出版，前三册共汇编河南省林木品种审定委员会 2000 年至 2015 年审定（认定）的林木良种 465 个，其中用材林良种 62 个，经济林良种 286 个，种子园、母树林、优良种源计 23 个，园林绿化良种 89 个，河南乡土树种 5 个。这些林木良种的推广应用，对推动河南林业生态省建设及林木良种化进程发挥了重要作用。为适应新形势下大规模国土绿化行动和森林河南生态建设对林木良种的迫切需要，我们又编撰出版了《河南林木良种》系列丛书第四册——《河南林木良种（四）》。

《河南林良种（四）》汇编了 2016 年至 2018 年河南省林木品种审定委员会审（认）定的林木良种共 134 个，其中用材林良种 13 个，经济林良种 97 个，种子园良种 1 个，园林绿化良种 23 个。该书对每个林木良种都详细介绍了其品种特性和适宜种植范围，也不同程度介绍了其栽培管理技术。在栽培管理技术部分，如果某良种已在前三册《河南林木良种》中进行了详细介绍，该书仅介绍该良种的栽培技术要点，并注明"栽培管理技术"参考《河南林木良种》2008 年版或《河南林木良种（二）》2013 年版或《河南林木良种（三）》2016年版的某个树种（品种）；对前三册没有出现过的树种（品种），该书对"栽培管理技术"进行了详细介绍。

该书可作为林业、园艺、园林等科研、生产、技术推广和管理部门的参考资料，也是苗木培育者和林果生产者重要的参考书籍。

由于水平有限，书中难免存在不足之处，敬请惠予指正。

编者
2019 年 1 月

目　录

序
前言

第一篇　用材林良种 ······················ (1)

　一、'箭杆1号'毛白杨 ······················ (1)

　二、'吉德1号'杨 ······························ (1)

　三、'豫杂6号'白榆 ························· (2)

　四、'豫杂7号'白榆 ························· (3)

　五、'豫桐1号'泡桐 ························· (3)

　六、'豫桐2号'泡桐 ························· (4)

　七、'豫桐3号'泡桐 ························· (4)

　八、'中桐6号'泡桐 ························· (5)

　九、'中桐7号'泡桐 ························· (6)

　十、'中桐8号'泡桐 ························· (7)

　十一、'中桐9号'泡桐 ······················ (8)

　十二、'中宁金丝'楸 ························· (8)

　十三、'中洛金丝楸'楸树 ··················· (9)

第二篇　经济林良种 ······················ (11)

　一、'中宁盛'核桃 ··························· (11)

　二、'中宁昇'核桃 ··························· (11)

　三、'中洛红'核桃 ··························· (12)

　四、'荣源4号'核桃 ························· (13)

　五、'中核帅'核桃 ··························· (14)

　六、'中核丰'核桃 ··························· (15)

　七、'宁林鲜'核桃 ··························· (15)

　八、'中核1号'核桃 ························· (16)

　九、'中核2号'核桃 ························· (17)

　十、'洛核1号'核桃 ························· (18)

　十一、'洛核2号'核桃 ······················ (19)

十二、'洛核强' 核桃 …………………………………………… （19）

十三、'中洛繁星' 小果胡桃 …………………………………… （20）

十四、'紫魅1号' 桑 …………………………………………… （21）

十五、'华仲16号' 杜仲 ……………………………………… （27）

十六、'华仲17号' 杜仲 ……………………………………… （28）

十七、'华仲18号' 杜仲 ……………………………………… （28）

十八、'华仲19号' 杜仲 ……………………………………… （29）

十九、'华仲20号' 杜仲 ……………………………………… （30）

二十、'华仲21号' 杜仲 ……………………………………… （31）

二十一、'华仲22号' 杜仲 …………………………………… （32）

二十二、'华仲23号' 杜仲 …………………………………… （32）

二十三、'华仲24号' 杜仲 …………………………………… （33）

二十四、'华仲25号' 杜仲 …………………………………… （34）

二十五、'华仲26号' 杜仲 …………………………………… （35）

二十六、'早红玉' 梨 ………………………………………… （35）

二十七、'玉香蜜' 梨 ………………………………………… （36）

二十八、'玉香美' 梨 ………………………………………… （37）

二十九、'国庆红' 苹果 ……………………………………… （38）

三十、'金翠' 苹果 …………………………………………… （39）

三十一、'华星' 苹果 ………………………………………… （39）

三十二、'维拉米' 树莓 ……………………………………… （40）

三十三、'中桃绯玉' 桃 ……………………………………… （41）

三十四、'黄金蜜桃1号' ……………………………………… （42）

三十五、'豫农蜜香' 桃 ……………………………………… （43）

三十六、'兴农红2号' 桃 …………………………………… （44）

三十七、'中桃6号' 桃 ……………………………………… （45）

三十八、'中油18号' 桃 ……………………………………… （46）

三十九、'中油金帅' 桃 ……………………………………… （46）

四十、'豫金蜜1号' 桃 ……………………………………… （47）

四十一、'豫金蜜2号' 桃 …………………………………… （48）

四十二、'中桃9号' 桃 ……………………………………… （49）

四十三、'中油15号' 桃 ……………………………………… （50）

四十四、'中油20号' 油桃 …………………………………… （51）

四十五、'中油金冠' 油桃 …………………………………… （51）

四十六、'中蟠 13 号'桃 ………………………………………（52）

四十七、'中蟠 15 号'桃 ………………………………………（53）

四十八、'中蟠 17 号'桃 ………………………………………（54）

四十九、'中蟠 19 号'桃 ………………………………………（55）

五十、'中油蟠 5 号'桃 …………………………………………（55）

五十一、'中油蟠 9 号'桃 ……………………………………（56）

五十二、'中扁 4 号'长柄扁桃 ………………………………（57）

五十三、'中扁 5 号'长柄扁桃 ………………………………（61）

五十四、'中扁 6 号'长柄扁桃 ………………………………（62）

五十五、'中扁 7 号'长柄扁桃 ………………………………（63）

五十六、'中仁 2 号'杏 …………………………………………（64）

五十七、'中仁 3 号'杏 …………………………………………（65）

五十八、'红艳'杏 ………………………………………………（66）

五十九、'玫硕'杏 ………………………………………………（66）

六十、'中仁 5 号'杏 ……………………………………………（67）

六十一、'中仁 6 号'杏 …………………………………………（68）

六十二、'中仁 7 号'杏 …………………………………………（69）

六十三、'黄金油'杏 ……………………………………………（70）

六十四、'早红香'李 ……………………………………………（71）

六十五、'春雷'樱桃 ……………………………………………（72）

六十六、'春露'樱桃 ……………………………………………（73）

六十七、'春晖'樱桃 ……………………………………………（73）

六十八、'豫皂 1 号'皂荚 ……………………………………（74）

六十九、'豫皂 2 号'皂荚 ……………………………………（75）

七十、'豫皂 3 号'皂荚 …………………………………………（76）

七十一、'豫林 1 号'皂荚 ……………………………………（77）

七十二、'宝香丹'花椒 …………………………………………（77）

七十三、'豫选 1 号'省沽油 …………………………………（78）

七十四、'豫选 2 号'省沽油 …………………………………（82）

七十五、'豫选 3 号'省沽油 …………………………………（83）

七十六、'新郑红 3 号'枣 ……………………………………（84）

七十七、'新郑红 9 号'枣 ……………………………………（85）

七十八、'红艳无核'葡萄 ……………………………………（85）

七十九、'摩尔多瓦'葡萄 ……………………………………（86）

八十、'燎峰'葡萄 …………………………………………………… (87)

八十一、'红巴拉多'葡萄 ………………………………………… (88)

八十二、'竹峰'葡萄 ……………………………………………… (89)

八十三、'金艳无核'葡萄 ………………………………………… (89)

八十四、'中葡萄10号'葡萄 ……………………………………… (90)

八十五、'中葡萄12号'葡萄 ……………………………………… (91)

八十六、'豫油茶1号'油茶 ……………………………………… (92)

八十七、'豫油茶2号'油茶 ……………………………………… (93)

八十八、'中石榴2号'石榴 ……………………………………… (94)

八十九、'中石榴8号'石榴 ……………………………………… (95)

九十、'玛丽斯'石榴 ……………………………………………… (96)

九十一、'慕乐'石榴 ……………………………………………… (96)

九十二、'豫农早艳'石榴 ………………………………………… (97)

九十三、'刀根早生'柿 …………………………………………… (98)

九十四、'中柿5号'柿 …………………………………………… (99)

九十五、'平核无'柿 ……………………………………………… (100)

九十六、'将军帽'柿 ……………………………………………… (101)

九十七、'阳丰'甜柿 ……………………………………………… (102)

第三篇　种子园 ………………………………………………………… (104)

一、'温县'苦楝种子园 …………………………………………… (104)

第四篇　园林绿化良种 ………………………………………………… (105)

一、'金红'杨 ……………………………………………………… (105)

二、'彩砧1号'青杨 ……………………………………………… (105)

三、'炫红'杨 ……………………………………………………… (106)

四、'靓红'杨 ……………………………………………………… (107)

五、'豫红1号'蜡梅 ……………………………………………… (108)

六、'豫乔1号'蜡梅 ……………………………………………… (113)

七、'豫素1号'蜡梅 ……………………………………………… (114)

八、'金花叶'北美枫香 …………………………………………… (114)

九、'金帅'木瓜 …………………………………………………… (118)

十、'园博荣光'月季 ……………………………………………… (118)

十一、'红线菊'桃 ………………………………………………… (119)

十二、'粉线菊'桃 ………………………………………………… (120)

十三、'粉垂菊'桃 ………………………………………………… (121)

十四、'万重粉'桃 …………………………………………（121）

十五、'嫣粉娇香'桃 ……………………………………（122）

十六、'鸳鸯'桃 …………………………………………（123）

十七、'金叶'刺槐 ………………………………………（123）

十八、'黄金'楝 …………………………………………（125）

十九、'红梢'重阳木 ……………………………………（125）

二十、'新绿1号'丝棉木 ………………………………（129）

二十一、'火焰'文冠果 …………………………………（132）

二十二、'嫣红'文冠果 …………………………………（133）

二十三、'春雪'流苏 ……………………………………（133）

第一篇 用材林良种

一、'箭杆1号'毛白杨

树　　种：毛白杨

学　　名：*Populus tomentosa* 'Jiangan No. 1'

类　　别：优良品种

通过类别：审定

编　　号：豫 S-SV-PT-001-2016

证书编号：豫林审证字 467 号

申 请 者：国有温县苗圃

【品种特性】 选择育种。是箭杆毛白杨类型中的优良无性系，雄株，大乔木，树干通直圆满，树势强健，分枝角度小，冠幅较小，树冠整体呈圆锥形，树姿紧凑。

【主要用途】 材用。

【适宜种植范围】 河南省毛白杨适生区。

【栽培管理技术】 该品种片林栽培密度以每亩44~66株为宜，四旁植树单行或窄林带栽培时，可采用1~1.5m株距。培育纸浆材，则可减少修枝工作，如培育大径阶木材，则要及时修枝，以防主干上出现结疤。营造农田防护林或路旁单行栽植时，可采取绿篱化修枝措施，并结合施肥进行隔年单侧断根处理，加强林地土肥水管理，适时灌溉，合理施肥。越冬前可对树干下部1~1.5m高的部位涂白，以防止因冬季寒冷造成冻害。具体技术参考《河南林木良种(三)》(2016)'小叶1号'毛白杨。

【病虫害防治】 贯彻"以防为主，防治结合"的原则，对病虫害的发生采取"防早、防小、防了"的策略。

二、'吉德1号'杨

树　　种：欧美杨

学　　名：*Populus deltoides* 'Jide No. 1'

类　　别：优良品种

通过类别：认定（有效期 5 年）

编　　号：豫 R-SC-PD-004-2016

证书编号：豫林审证字 462 号

申 请 者：商丘市柘城县吉德智慧农林有限公司、商丘市林业工作站

【品种特性】　选择育种。树干纵列宽，树皮纵列间隙可见明显白色裂纹，树皮棱脊凸起 0.5cm 左右。干形通直，侧枝多细小，分枝角度 45°，侧枝层轮不明显。生长速度较快。

【主要用途】　材用。

【适宜种植范围】　河南省美洲黑杨适生区。

【栽培管理技术】　'吉德 1 号'杨前期生长较快，林地应选择土壤疏松、肥沃的壤土、沙壤土，不能栽植在长期积水地或长期干旱无水的地点，否则生长不良。对造林地全面清理，砍除小灌木及其它杂草。地势低洼、有积水的地块要开挖排水沟，排除积水。栽植密度：以用材为目的的成片林以 3×3、3.5×3.5m 为好；路渠植树单行以株距 3m 为好，两行以上以株距 5m 为宜；林草、林粮间作的密度以 2×8m 大株行距，南北行向为好；以造纸材为目的的密度 2×3、1.5×4 或 1×6m。树穴规格为 80×80×60cm，苗木规格：一年生扦插苗，要求苗高 3m 以上，地径 2.5cm 以上；平茬苗要求苗高 4m 以上，地径 3cm 以上，苗木无病虫害、无机械损伤，根系完好、随起随运随栽。

具有技术参考《河南林木良种》（2008）'桑迪杨'。

三、'豫杂 6 号'白榆

树　　种：白榆

学　　名：*Ulmus pumilu* 'Yuza No. 6'

类　　别：优良品种

通过类别：审定

编　　号：豫 S-SV-UP-002-2016

证书编号：豫林审证字 468 号

申 请 者：河南省林业科学研究院

【品种特性】　杂交品种。树皮灰褐色，裂沟细浅，树冠宽，小叶片较小，呈长椭圆形。7 年生嫁接苗平均树高 12.8m，最高 13.5m；平均胸径 16.9cm，最大胸径 19.2cm。对照 '65212' 平均树高 12.1m，平均胸径 14.3cm。平均树高和平均胸径分别为对照的 106% 和 118%。

【主要用途】　材用。

【适宜种植范围】　河南省白榆适生区。

【栽培管理技术】　2~3年生苗出圃规格，苗高2m以上，胸径1.5cm以上。在沙丘和荒山上营建生态林，株行距1m×5m。营造用材林，株行距2m×4m或3m×4m。造林后的抚育管理措施同'豫杂5号'白榆。幼林期要及时修枝，保持树干通直。具体技术参考《河南林木良种（三）》(2016)'豫杂5号'白榆。

四、'豫杂7号'白榆

树　　　种：白榆

学　　　名：*Ulmus Pumilu* 'Yuza No. 7'

类　　　别：优良品种

通过类别：审定

编　　　号：豫S-SV-UP-003-2016

证书编号：豫林审证字469号

申　请　者：河南省林业科学研究院

【品种特性】　杂交品种。树皮灰白色，裂沟较深，树冠阔卵形，小叶片较小，呈长椭圆形。7年生嫁接苗平均树高12.5m，最高13.0m；平均胸径16.4cm，最大胸径17.6cm。对照'65212'平均树高12.1m，平均胸径14.3cm。平均树高和平均胸径分别为对照的103%和115%。

【主要用途】　材用。

【适宜种植范围】　河南省白榆适生区。

【栽培管理技术】　同'豫杂6号'白榆。具体技术参考《河南林木良种（三）》(2016)'豫杂5号'白榆。

五、'豫桐1号'泡桐

树　　　种：白花泡桐

学　　　名：*Paulownia fortunei* 'Yutong No. 1'

类　　　别：优良品种

通过类别：审定

编　　　号：豫S-SV-PF-004-2016

证书编号：豫林审证字470号

培　育　者：河南农业大学

【品种特性】　多倍体诱导育种。抗丛枝病能力强，生长迅速，地径、株高、胸径、枝下高和冠幅均大于对照二倍体白花泡桐。具有独特的木材理化性质，木材抗弯强度、抗弯弹性模量、硬度和顺纹抗压强度、基本密度和白度均高于对照。

　　【主要用途】　材用,适宜制作家具、装饰材、乐器、工艺品等。

　　【适宜种植范围】　河南省泡桐适生区。

　　【栽培管理技术】　选择地势较为平坦、土层深厚、土壤肥沃、排水良好地造林。造林密度根据不同林种而定。造林整地方式依立地条件而定。平地主要是穴状整地,缓坡地主要是鱼鳞坑整地。秋季造林在落叶后至土壤上冻前,春季造林在树木萌芽前。栽植后 2~6 年内,每年晚春至夏初采取开沟追肥。萌芽前、生长期内各浇一次水。如遇干旱要及时浇水,如遇水涝要及时排水,防治积水。泡桐定植 3 年后,在树木停止生长后、发芽前 1 个月及时进行修枝,适量修除下层枝;保留一个主干顶端萌发的生长旺盛的直立枝条,培养主干,修除其余对其影响的直立枝条。间伐采取隔行间伐或隔株间伐。具体技术参考《河南林木良种》(2018)兰考泡桐。

六、'豫桐 2 号'泡桐

　　树　　　种:兰考泡桐

　　学　　　名:*Paulownia elongate* 'Yutong No. 2'

　　类　　　别:优良品种

　　通过类别:审定

　　编　　　号:豫 S-SV-PE-005-2016

　　证书编号:豫林审证字 471 号

　　培　育　者:河南农业大学

　　【品种特性】　多倍体诱导育种。一年生幼苗干红褐色、皮孔大而密,叶卵圆形,浓绿色,有光泽。自然接干率高,树干通直,自然接干率明显高于二倍体兰考泡桐。生长迅速,胸径、枝下高均大于对照二倍体兰考泡桐。具有独特的木材理化性质,木材抗弯强度、抗弯弹性模量、基本密度和白度均高于对照。

　　【主要用途】　材用,适宜制作家具、装饰材、乐器、工艺品等。

　　【适宜种植范围】　河南省泡桐适生区。

　　【栽培管理技术】　同'豫桐 1 号'泡桐。具体技术参考《河南林木良种》(2018)兰考泡桐。

七、'豫桐 3 号'泡桐

　　树　　　种:南方泡桐

　　学　　　名:*Paulownia australis* 'Yutong No. 3'

类　　别：优良品种

通过类别：审定

编　　号：豫 S-SV-PA-006-2016

证书编号：豫林审证字472号

培　育　者：河南农业大学

【品种特性】 多倍体诱导育种。抗旱性、抗盐性和抗寒性均显著提高，丛枝病发生率较低。干形好，地径、株高、胸径、枝下高和冠幅均大于对照。具有独特的木材理化性质，材质优良，木材的顺纹拉力强度、抗弯强度、抗弯弹性模量、硬度和顺纹抗压强度均高于对照。木材的密度和白度也高于对照。

【主要用途】 材用，适宜制作家具、装饰材、乐器、工艺品等。

【适宜种植范围】 河南省泡桐适生区。

【栽培管理技术】 同'豫桐1号'泡桐。具体技术参考《河南林木良种》(2018)兰考泡桐。

八、'中桐6号'泡桐

树　　种：泡桐

学　　名：*Paulownia tomentosa* × *fortunei* 'Zhongtong No. 6'

类　　别：优良无性

通过类别：审定

编　　号：豫 S-SV-PT-043-2018

证书编号：豫林审证字580号

申　请　者：国家林业局泡桐研究开发中心

选　育　人：王保平　赵阳　李芳东　冯延芝　孙晓薇　乔杰　伊焕

【品种特性】 杂交选育品种，毛泡桐为母本、白花泡桐为父本。树冠圆锥形，侧枝与主干夹角45°~60°，顶杈枝一强一弱，靠强势枝直接形成接干，属连续自然接干类型。花序圆筒形，花序枝短，蒴果长圆状椭圆形、大小中等。树皮灰褐色，幼时光滑，老时浅纵裂，枝条灰褐色。叶卵圆形。现场测试在原阳滩地沙土立地类型，株行距3m×5m的区试林在8年生时，平均胸径、主干高、树高、主干材积分别达 22.11cm、8.48m、15.26m 和 0.2442m³，与对照C125相比差异显著，分别比对照提高了 14.03%、13.83%、17.84% 和 48.00%；自然接干率为92.31%，比对照提高了47.87个百分点；丛枝病发病率为7.69%，比对照降低了53.85个百分点，且未发现冻害。

【主要用途】 材用，适宜制作家具、装饰材、乐器、工艺品等。

【适宜种植范围】 黄河中下游、黄淮海平原区、白花泡桐和毛泡桐自然分布区。

【栽培管理技术】 主要采用埋根育苗的方法进行无性繁殖。选择光照充足、土层肥厚(≥80cm)、质地疏松、排水良好、避风口的平地、沙地或坡度小的丘陵山地；挖穴整地规格为60cm×60cm×60cm以上。在冬季或春季，按照株行距3～5m×4～6m造林。采用植苗造林，低山丘陵区也可采用容器苗造林。造林时应选择根系完整、生长健壮、无病虫害、机械损伤小、无失水和冻害、大小均一的苗木，植苗造林以苗高≥3m、地径≥4cm的苗木为宜；容器苗造林以20cm≥苗高≥30cm的苗木为宜。可在造林当年采用"剪梢接干法"接干，也可在第3年采用"修枝促接干"技术促进接干形成和生长。结合机械进行除草除灌。栽培区域、季节和林龄不同，水分管理方法有所差异。南方地区年均降雨量较多，一般都能满足泡桐生长需求；北方地区3～6月比较干旱，可根据需要灌溉1～3次。此外，泡桐不耐水淹，及时做好排水工作。穴状整地时施基肥，每穴施3～6kg有机肥；可在速生期(6～8月)追肥1～2次，每株施复合肥200～300g。具体技术参考《河南林木良种》(2018)兰考泡桐。

【病虫害防治】 采用噻唑膦预防根结线虫，150～200倍波尔多液防治炭疽病和黑痘病，1kg辛硫磷、100kg麸皮加水拌匀诱杀蛴螬和地老虎。根据泡桐生长状况和经营目的确定泡桐轮伐期，一般为8～12年；采伐时间以秋冬季为好，有利于清理林地、杀灭病虫害，为翌年留桩或留根萌芽更新创造良好的环境。

九、'中桐7号'泡桐

树　　种： 泡桐

学　　名： *Paulownia tomentosa* × *fortunei* 'Zhongtong No. 7'

类　　别： 优良无性系

通过类别： 审定

编　　号： 豫S-SV-PT-044-2018

证书编号： 豫林审证字581号

申 请 者： 国家林业局泡桐研究开发中心

选 育 人： 冯延芝　李芳东　王保平　赵阳　周海江　乔杰　吴创业

【品种特性】 杂交选育品种，毛泡桐为母本、白花泡桐为父本。树冠塔状圆锥形，树皮灰褐色，浅纵裂，侧枝与主干夹角45°～60°，顶权枝一强一弱，靠强势枝直接形成接干，属连续自然接干类型。叶卵圆形。花序狭圆锥形，花序枝长，蒴果长圆状椭圆形、大小中等。现场测试在原阳滩地沙土立地类型，株行距3m×5m的区试林在8年生时平均的胸径、主干高、树高、主干材积分别达22.19cm、8.56m、15.15m和0.2483m³，与对照C125相比差异显著，分别比对照提高了 14.44%、14.90%、16.99% 和 50.48%；自然接干率为 92.86%，比对照提高了 48.41 个百分点；丛枝病发病率为 14.29%，比对照降低了 47.25 个百分点，且未发现冻害。

【主要用途】　材用，适宜制作家具、装饰材、乐器、工艺品等。

【适宜种植范围】　黄河中下游、黄淮海平原区、白花泡桐和毛泡桐自然分布区。

【栽培管理技术】　同'中桐 6 号'泡桐。具体技术参考《河南林木良种》(2018)兰考泡桐。

【病虫害防治】　同'中桐 6 号'泡桐。

十、'中桐 8 号'泡桐

树　　　种：泡桐

学　　　名：*Paulownia fortunei* × *tomentosa* 'Zhongtong No. 8'

类　　　别：优良无性系

通过类别：审定

编　　　号：豫 S-SV-PT-045-2018

证书编号：豫林审证字 582 号

申　请　者：国家林业局泡桐研究开发中心

选　育　人：李芳东　王保平　段伟　乔杰　周海江　赵阳　冯延芝

【品种特性】　杂交选育品种，白花泡桐为母本、毛泡桐为父本。树冠塔状圆锥形，侧枝与主干夹角45°~60°，顶杈枝一强一弱，靠强势枝直接形成接干，属连续自然接干类型。树皮灰褐色，浅纵裂，密布皮孔。叶卵圆形。花序圆筒形，花序枝长度中等。蒴果卵形，大小中等。现场测试在原阳滩地沙土立地类型，株行距5m×6m 的区试林在 13 年生的平均胸径、主干高、树高、主干材积分别达 33.51cm、8.98m、15.20m 和 0.5940m³，与对照 C125 相比差异显著，分别比对照提高了 13.48%、12.25%、23.58% 和 44.55%；自然接干率为 66.67%，比对照提高了 50.0 个百分点；丛枝病发病率为 33.33%，比对照降低了 33.34 个百分点，且未发现冻害。

【主要用途】　材用，适宜制作家具、装饰材、乐器、工艺品等。

【适宜种植范围】　黄河中下游、黄淮海平原区、白花泡桐和毛泡桐自然分布区。

【栽培管理技术】　同'中桐 6 号'泡桐。具体技术参考《河南林木良种》(2018)兰考泡桐。

【病虫害防治】　同'中桐 6 号'泡桐。

十一、'中桐9号'泡桐

树　　种：泡桐

学　　名：*Paulownia tomentosa × P. fortunei* 'Zhongtong No. 9'

类　　别：优良无性系

通过类别：审定

编　　号：豫 S-SV-PT-046-2018

证书编号：豫林审证字583号

申 请 者：国家林业局泡桐研究开发中心

选 育 人：乔杰　赵阳　李芳东　冯延芝　王保平　金钰　吴涛

【品种特性】　杂交选育品种，毛泡桐为母本、白花泡桐为父本。树冠圆锥形，侧枝与主干夹角40°~50°，枝条细，顶杈枝一强一弱，靠强势枝直接形成接干，属连续自然接干类型。树皮深褐色，浅纵裂，密布皮孔。叶卵圆形。现场测试在原阳滩地沙土立地类型，株行距5m×6m的区试林在13年生的平均主干高、树高、主干材积分别达10.45m、15.92m和0.5910m³，与对照C125相比差异显著，分别比对照提高了30.63%、24.93%和43.81%；胸径达30.99cm，比对照提高了4.93%。自然接干率为100%，比对照提高了83.33个百分点；丛枝病发病率为28.57%，比对照降低了38.10个百分点，未发现冻害。

【主要用途】　材用，适宜制作家具、装饰材、乐器、工艺品等。

【适宜种植范围】　黄河中下游、黄淮海平原区、白花泡桐和毛泡桐自然分布区。

【栽培管理技术】　同'中桐6号'泡桐。具体技术参考《河南林木良种》(2018)兰考泡桐。

【病虫害防治】　同'中桐6号'泡桐。

十二、'中宁金丝'楸

树　　种：楸树

学　　名：*Catalpa bungei* 'Zhongningjinsi'

类　　别：优良品种

通过类别：审定

编　　号：豫 S-SV-CB-022-2017

证书编号：豫林审证字527号

培 育 者：中国林业科学研究院林业研究所、洛宁县林业局、洛阳农林科

学院、洛宁县先科树木改良技术研究中心

【品种特性】　实生选育品种。树干通直圆满，尖削度小，树姿挺拔，主干明显，枝繁叶茂，冠形优美，花期较长，花色粉红色，根系发达，80%以上的根系集中在地表面45cm以下的土层中，地表耕作层须根少，耐干旱、耐瘠薄。速生性强、生长量大、生长量超过同条件下生长的'豫楸1号'及其他金丝楸优良无性系。易获得嫩枝插穗，嫩枝扦插生根率可达到96%以上。材质优良，不翘不裂，不易虫蛀，耐水耐腐，木材纹理通直，易加工，切面光滑，板材金黄色，年轮线金黄色加重呈金丝状，可作为高档家具用材。

【主要用途】　珍贵用材、城镇绿化、农田防护林等树种。

【适宜种植范围】　河南省楸树适生区。

【栽培管理技术】　栽植株行距可按3m×3m、4m×4m、4m×5m。栽植时应施用腐熟圈肥作基肥，基肥要与栽植土拌匀。春季栽植时应立即浇头水，3天后浇第二遍水，5天后浇第三遍水。秋季栽植以11月中旬为宜，栽植后立即浇水，7天后浇第二遍水；12月中旬栽植，浇一次水即可。该品种喜肥，除在栽植时施足基肥外，还应于每年秋末结合浇防冻水、施腐熟有机肥，5月初补施尿素，使枝叶繁茂，加速生长；7月下旬施磷钾肥，提高植株枝条的木质化，有利安全越冬。具体技术参考《河南林木良种》(2018)'豫楸1号'。

十三、'中洛金丝楸'楸树

树　　　种：楸树

学　　　名：*Catalpa bungei* 'Zhongluojinsiqiu'

类　　　别：优良品种

通过类别：审定

编　　　号：豫S-SV-CB-047-2018

证书编号：豫林审证字584号

申　请　者：中国林业科学研究院林业研究所

选育人：张建国　张俊佩　王联营　马庆国　王治军　王茂田　丁成会

【品种特性】　选育品种。树冠圆锥形，树干圆满通直，尖削度小，顶端优势明显，分支角度较小；树皮深褐色、粗糙，翘状开裂。查定组专家现场测量，'中洛金丝楸'楸树平均胸径18.6cm，平均树高12.7m，平均冠幅3.2m。胸径比相邻的'豫楸1号'、JQ50号、JQ71号分别高4.83%、12.10%和18.49%。

【主要用途】　珍贵用材、城镇绿化、农田防护林等树种。

【适宜种植范围】　河南省楸树适生区。

【栽培管理技术】　可利用根段、茎段或整株埋干"层级催芽"技术获取大量萌条，用全光照喷雾嫩枝扦插苗木方法繁育无性系苗木，具体操作方法和技术要点参照国家林业行业标准《楸树扦插育苗技术规程》（LY/T 2748—2016）及地方标准《金丝楸嫩枝扦插苗木繁殖技术》（DB4103/T72—2008）。造林地选择在土层厚度1m以上、排水良好的壤土和沙壤土地，不适种植与洼地。适生于年平均气温10~15℃，降水量700~1200mm的环境。可进行秋栽和春栽。秋栽适合冬季比较温暖的地区，落叶后1周至土壤封冻前进行，秋栽的苗木根系伤口愈合早，生根早，缓苗短，有利于定植。纯林造林密度可选择3m×3m、4m×5m；作为农田防护林，可按照4~5m株距在田埂上栽植一行；作为园林绿化行道树，可按株距4m，道路两侧单行栽植，也可4m×4m、4m×5m株行距，道路两侧两行或四行栽植；在园林绿化景观中也可孤植等。坡岭地的通风透光性好，可适当密植，平原肥沃地可适当稀植。整地可挖大沟或大穴，沟（穴）底填农家肥，栽后浇水覆盖地膜。造林后加强中耕除草，及时除萌，9~10月适当施肥，可以有利于春季萌芽、展叶、抽枝、开花、坐果和果实发育期养分吸收，有助于增强树势，提高生长量。作为用材林经营，要注重截干，培养通直的主干，按照正常抚育管理方法；修剪时疏除背上枝、过密枝、干枯枝、短截徒长枝。具体技术参考《河南林木良种》（2018）'豫楸1号'。

第二篇 经济林良种

一、'中宁盛'核桃

树　　种：核桃

学　　名：*Juglans regia* 'Zhongningsheng'

类　　别：优良品种

通过类别：审定

编　　号：豫 S-SV-JR-007-2016

证书编号：豫林审证字 473 号

申 请 者：中国林业科学研究院林业研究所、洛宁县先科树木改良技术研究中心、洛阳农林科学院

【品种特性】 杂交品种。树体高大、树姿优美、枝叶繁茂、繁殖系数高，可作为优良的园林绿化树种；耐干旱、耐瘠薄能力较强，且与核桃的嫁接亲和力高，可作为优良的核桃砧木。

【主要用途】 用材、园林绿化，嫁接核桃砧木。

【适宜种植范围】 河南省核桃适生区。

【栽培管理技术】 栽植密度应根据立地条件和栽培模式确定。一般栽植密度为 5m×6m，或作行道树每 3~5m 栽植 1 株，及时修枝抚育。幼树期按树冠垂直投影面积每次每平方米施氮肥 50g，磷、钾各 10g（均为有效成分），全年施肥 2~3 次，秋末施有机肥 20kg/株，并根据当地的土壤条件适当喷施微量元素。加强中耕除草，每年除草 3~4 次；幼树期合理间种，可种植低秆的农作物或中药材；丘陵旱坡地注重保水和雨季排水，平地干旱季节注重浇水。具体技术参考《河南林木良种》（2018）'中豫长山核桃 1 号'。

【病虫害防治】 萌芽前后全树喷布波美 5 度石硫合剂，生长季节根据虫害情况，适时喷布农药。

二、'中宁异'核桃

树　　种：核桃

学　　名：*Juglans regia* 'Zhongningyi'

类　　别：优良品种

通过类别：审定

编　　号：豫 S-SV-JR-008-2016

证书编号：豫林审证字 474 号

申 请 者：中国林业科学研究院林业研究所、洛宁县先科树木改良技术研究中心、洛阳农林科学院

【品种特性】　杂交品种。顶端优势明显，树干通直、高大，树冠紧凑；木材有光泽，木材结构紧密，力学强度高，纹理美观、色泽亮丽，易加工，材质优；具有较强的抗病、抗虫、抗寒能力。嫁接核桃亲和性好，抗性强，是优良的核桃砧木；作砧木嫁接核桃果实涩味轻。生长速度快，一年生嫁接苗高可达 1m，地径可达 2.2cm；13 年生树高比普通黑核桃提高 21.2%；胸径比普通黑核桃提高 28.9%。

【主要用途】　用材、园林绿化，嫁接核桃砧木。

【适宜种植范围】　河南省黑核桃适生区。

【栽培管理技术】　选择土层深厚的地块造林，坡地造林要选择阳坡或半阳坡的中、下腹的缓坡地为好；可秋栽或春栽，秋栽适合冬季比较温暖的地区，落叶后 1 周至土壤封冻前进行，秋栽的苗木根系伤口愈合早，生根早，缓苗短，有利于定植后的苗木生长。前期栽植行株距 3m×2m，通过间伐，最后确定密度为 5m×6m。坡岭地的通风透光性好，可适当密植，平原肥沃地可适当稀植。整地可挖大沟或大穴，沟（穴）底填农家肥，栽后浇水覆盖地膜。造林后，加强水肥管理，防治病虫害。根据用途实施修剪，作为用材林经营，要注重接干，培养通直的主干，采取常规抚育措施。具体技术参考《河南林木良种》(2018) '中豫长山核桃 1 号'。

三、'中洛红'核桃

树　　种：核桃

学　　名：*Juglans regia* 'Zhongluohong'

类　　别：优良品种

通过类别：审定

编　　号：豫 S-SV-JR-009-2016

证书编号：豫林审证字 475 号

申 请 者：洛宁县先科树木改良技术研究中心、中国林业科学研究院林业研究所、洛阳农林科学院

【品种特性】　实生选育品种。树干通直，皮色灰褐色，浅纵裂。一年生嫩

枝酒红色，芽内生长点红色；落叶后，枝条形成层红色，根的形成层红色，新梢酒红色，有黏液，被细密红色短茸毛。叶芽长三角形，三芽叠生。奇数羽状复叶，小叶互生，叶缘锯齿状，先端渐尖，叶脉羽状脉，幼叶为鲜艳的酒红色，老叶黄绿色。少结实或不结实。坚果卵形，直径平均 2～2.5cm，表面具深刻纹，缝合线较平。壳厚不易开裂，内褶壁发达木质，横隔膜骨质，取仁难。

【主要用途】　用材、园林绿化。

【适宜种植范围】　河南省核桃适生区。

【栽培管理技术】　栽植密度根据立地条件和栽培模式确定。一般园林绿化栽植密度为 2m×3m，或作行道树每 3～5m 栽植 1 株，或 5～8 株群植。树形可根据用途不同进行整形修剪。幼树期按树冠垂直投影面积每次每平方米施氮肥50g，磷、钾各 10g（均为有效成分），全年施肥 2～3 次，秋末施有机肥 20kg/株，并根据当地的土壤条件适当喷施微量元素。加强中耕除草，每年除草 3～4 次；幼树期合理间种，可种植低秆的农作物或中药材；丘陵旱坡地注重保水和雨季排水，平地干旱季节注重浇水。具体技术参考《河南林木良种》（2018）'中豫长山核桃 1 号'。

【病虫害防治】　萌芽前后全树喷布波美 5 度石硫合剂，生长季节根据虫害情况，适时喷布农药。

四、'荣源 4 号' 核桃

树　　　种：核桃

学　　　名：*Juglans regia* 'Rongyuan No. 4'

类　　　别：优良品种

通过类别：审定

编　　　号：豫 S-SV-JR-014-2016

证书编号：豫林审证字 480 号

申 请 者：河南省荣源园林绿化有限公司

【品种特性】　变异品种。树姿半开张，分枝角度较小。主干浅灰色，皮孔小而突起。每果枝平均坐果 2.02 个，单枝结果以双果和三果为主。坚果较大，近圆形，果壳较光滑，浅褐色，缝合线紧密，中部隆起突出，顶部扁平微凹。果底平，果顶微凹，平均单果重 16.9g，果壳厚 0.9～1.2mm，三径平均3.91cm，内褶壁退化，横膈膜膜质，可取整仁。出仁率 60.4%，核仁饱满，仁色棕黄，无涩味，口感醇香。果实 9 月上旬成熟。

【主要用途】　干果食用。

【适宜种植范围】　河南省核桃适生区。

【栽培管理技术】　在土层深厚肥沃、灌溉和排水条件良好的砂壤土的地块建园，选择园地时要尽量避免选择重茬地，重茬地栽植时应避开原来的老树穴，多施有机肥。定植时间分为春栽和秋栽。秋栽适合冬季比较暖和的地区，秋栽时期是在树苗落叶后 1 周至土壤封冻前进行，秋栽的苗木根系伤口愈合早，发根早，缓苗期短，有利于定植后的苗木生长。春栽适合冬季较为寒冷多风的地区，在化冻后至苗木发芽前栽培为宜。栽植后第一遍水要浇透，防止坑底有干土，影响苗木成活率。宜配置'薄丰'做授粉树，也可配置清香做授粉树，配置比例为 4~8:1 为宜。灌水有四个关键时期，包括萌芽水(3 月至 4 月份萌芽前)、花后水(5 月下旬至 6 月初)、花芽分化期(7 月至 8 月)、封冻水(10 月底至 11 月中旬)。灌水时，以湿透根系集中分布层为宜。树形可采用主干疏层形和自由纺锤形。具体技术参考《河南林木良种》(2018)'中豫长山核桃 1 号'。

【病虫害防治】　以预防为主。

五、'中核帅'核桃

树　　　种：核桃

学　　　名：*Juglans regia* 'Zhongheshuai'

类　　　别：优良品种

通过类别：认定(有效期 3 年)

编　　　号：豫 R-SV-JR-001-2017

证书编号：豫林审证字 536 号

申 请 者：中国农业科学院郑州果树研究所

【品种特性】　实生选育品种。坚果椭圆形，果个大，浅黄色，缝合线窄而平，壳厚 1.06mm。果基较平，果顶微尖，平均坚果重 17g，纵径 40.31mm，横径 38.21mm，侧径 36.82mm，内褶壁膜质，横隔膜膜质，易取整仁。出仁率 60.1%，核仁较充实，仁淡黄色，无斑点，纹理不明显，核仁香而不涩。果实成熟期为 9 月上中旬。

【主要用途】　干鲜食均可。

【适宜种植范围】　河南省核桃适生区。

【栽培管理技术】　秋栽和春栽。秋栽可在冬季比较暖和的地区，落叶后 1 周至土壤封冻前进行，秋栽的苗木根系伤口愈合早，发根早，缓苗快，有利于定植后的苗木生长。春栽适合冬季较为寒冷多风的地区，在化冻后至苗木发芽前栽植为宜。宜适当进行中度密植，株行距一般采用 2m×4m，每亩栽 83 株。山坡丘陵地带通风透光较好，可进行适当密植，平原肥沃地带可适当稀植。宜配置'薄丰'和'辽宁 1 号'做授粉树，配置比例一般以 8~10:1 为宜。树形可采用主干疏层形和自由纺锤形。合理进行施肥和灌水。注意病虫害防治。具体技术参考《河南林木良种》(2018)'中豫长山核桃1号'。

六、'中核丰'核桃

树　　种：核桃
学　　名：*Juglans regia* 'Zhonghefeng'
类　　别：优良品种
通过类别：审定
编　　号：豫 S-SV-JR-014-2017
证书编号：豫林审证字519号
申 请 者：中国农业科学院郑州果树研究所

【品种特性】　实生选育品种。坚果椭圆形，浅黄色，缝合线宽而平，壳厚1.08mm。果基较平，果顶微尖，平均坚果重16.0g，纵径41.09mm，横径39.21mm，侧径34.99mm。内褶壁膜质，横隔膜膜质，易取整仁。出仁率56.3%，核仁较充实，仁淡黄色，无斑点，纹理不明显，核仁香而不涩。果实成熟期为9月中下旬。

【主要用途】　干鲜食均可。

【适宜种植范围】　河南省核桃适生区。

【栽培管理技术】　秋栽或春栽。秋栽可在冬季比较暖和的地区，落叶后1周至土壤封冻前进行，秋栽的苗木根系伤口愈合早，发根早，缓苗快，有利于定植后的苗木生长。春栽适合冬季较为寒冷多风的地区，在化冻后至苗木发芽前栽植为宜。适当进行中度密植，株行距一般采用2m×4m。山坡丘陵地带通风透光较好，可进行适当密植，平原肥沃地带可适当稀植。整地可挖大沟或大穴，沟(穴)底填肥，栽后浇水覆膜。该品种为雌先型品种，因此宜配置'薄丰'和'辽宁1号'做授粉树，配置比例一般以8~10:1为宜。树形可采用主干疏层形和自由纺锤形。具体技术参考《河南林木良种》(2018)'中豫长山核桃1号'。

【病虫害防治】　主要有炭疽病和褐斑病，主要虫害有核桃举肢蛾和小吉丁虫，注意防治。

七、'宁林鲜'核桃

树　　种：核桃
学　　名：*Juglans regia* 'Ninglinxian'
类　　别：优良品种

通过类别：审定

编　　号：豫S-SV-JR-015-2017

证书编号：豫林审证字520号

申请者：中国林业科学研究院林业研究所、洛阳农林科学院、洛宁县先科树木改良技术研究中心

【品种特性】　实生选育品种。青果为圆形，果面光滑，青皮厚度1cm左右。坚果椭圆形，果顶微尖，基部平。平均单果重13.1g，最大16.4g；坚果纵径3.7cm，横径3.3cm，侧径3.6cm。缝合线微凸，结合不紧密，基部平，壳厚0.3~0.5mm，坚果核壳部分纸质化，内褶壁退化，横隔膜革质，出仁率69.8%。鲜果核壳易剥离取仁，风味浓郁，种皮涩味较淡。果实成熟期为7月底，鲜食可在7月中下旬上市。

【主要用途】　干鲜食均可。

【适宜种植范围】　河南省核桃适生区。

【栽培管理技术】　栽植密度为3~4m×4~5m，适宜的丰产树形为纺锤形或疏散分层形。修剪以疏枝和缓放为主，进入结果后要及时回缩。对盛果期树可适当剪截部分结果枝或枝组，保证通风透光，控制树冠大小，提高产量和坚果质量。幼树期按树冠垂直投影面积每年每平方米施氮肥50g，磷、钾各10g（均为有效成分），密植丰产园1~5年树每平方米施肥量为氮50g，磷、钾各20g（均为有效成分），有机肥5kg，并根据当地的土壤条件适当喷施微量元素。进入丰产期每年株施有机肥100kg，速效肥5kg。加强中耕除草，每年除草4~6次；幼树期合理间种，可种植低秆的农作物或中药材；丘陵旱坡地注重保水和雨季排水，平地干旱季节注重浇水。具体技术参考《河南林木良种》(2018)'中豫长山核桃1号'。

【病虫害防治】　生长季节注意病虫害防治，萌芽前后全园喷布5度石硫合剂或30%机油石硫合剂400~600倍水液，生长季节交替喷布杀菌剂和波尔多液3~5次，根据虫害情况，适时喷布农药。

八、'中核1号'核桃

树　　种：核桃

学　　名：*Juglans regia* 'Zhonghe No. 1'

类　　别：优良品种

通过类别：审定

编　　号：豫S-SV-JR-001-2018

证书编号：豫林审证字538号

申　请　者：中国农业科学院郑州果树研究所

选　育　人：李好先　曹尚银　王文战　郭俊杰　骆翔　牛苏明　李国豪

【品种特性】　实生选育品种。平均坚果重11.6g，壳厚1.10mm，纵径平均4.18cm、横径平均3.52cm、侧径平均3.53cm、出仁率53.2%。树势开张，分枝力中等；混合芽长圆形；叶尖急尖；中、短果枝结果为主，双果比例高，占72.4%，坐果率59.6%，每果枝平均着果1.59个，连续结果能力强，大小年不明显。果实7月下旬完全成熟。

【主要用途】　果实食用；作为授粉品种。

【适宜种植范围】　河南省核桃适生区。

【栽培管理技术】　以黑核桃或奇异核桃实生苗做砧木嫁接繁育。种植株行距一般采用3m×4m或3m×6m。该品种属雌先型品种，适宜做'薄丰''香玲'和'辽宁1号'授粉树，配置比例4~8:1。9月底至10月上旬施基肥，每亩施农家肥2500~3000kg，化肥（复合肥）30~40kg。生长前期以追施氮肥为主，后期以磷钾肥为主，一般每年施用3~4次，可在花前、坐果期、果实硬核期和果实采收后进行。树形采用主干疏层形和开心形，幼树应及时进行刻芽和短截培养树冠，盛果期树加强结果枝组的培养和更新，扩大结果部位，防止结果部位外移。具体技术参考《河南林木良种》（2018）'中豫长山核桃1号'。

【病虫害防治】　病害主要有炭疽病和褐斑病，虫害主要有核桃举肢蛾和小吉丁虫。可在秋冬季节刮除老翘树皮，清除树皮中的越冬病虫，拣拾地面、树上的虫茧、病果，清扫落叶，集中烧毁或深埋。

九、'中核2号'核桃

树　　　种：核桃

学　　　名：*Juglans regia* 'Zhonghe No. 2'

类　　　别：优良品种

通过类别：审定

编　　　号：豫S-SV-JR-002-2018

证书编号：豫林审证字539号

申　请　者：中国农业科学院郑州果树研究所

选　育　人：李好先　曹尚银　郭磊　倪勇　赵弟广　李国豪　郭会芳

【品种特性】　实生选育品种。平均坚果重16.7g，壳厚1.2mm，出仁率55.09%。坚果椭圆或近圆形，缝合线凸起且紧密，果基圆、果顶平。树势半开张，分枝力中等；混合芽三角形，混合芽与副芽贴近；叶尖渐尖；中、长果枝结果为主，双果比例高，占80.7%，每果枝平均着果2.2个，连续结果能力强，大小年不明显。果实 8 月中上旬完全成熟。

　　【主要用途】　果实食用；亦可作为授粉品种。

　　【适宜种植范围】　河南省核桃适生区。

　　【栽培管理技术】　同'中核 2 号'核桃。具体技术参考《河南林木良种》(2018)'中豫长山核桃 1 号'。

　　【病虫害防治】　同'中核 2 号'核桃。

十、'洛核 1 号'核桃

树　　　种：核桃

学　　　名：*Juglans regia* 'luohe No. 1'

类　　　别：优良品种

通过类别：审定

编　　　号：豫 S-SV-JR-003-2018

证书编号：豫林审证字 540 号

申　请　者：洛阳农林科学院

选　育　人：马贯羊　苗利峰　邓大军　张光宇　李灵娟　马克义　赵漫丽

　　【品种特性】　杂交品种，'中林 5 号'核桃为父本，'彼特罗'核桃为母本。坚果长椭圆形，壳较光滑，纵径 47.33mm，横径 35.5mm，侧径 41.0mm。平均单果重 16.46g，单个核仁重 8.38g，壳厚 1.3mm，出仁率 50.81%。缝合线略凸起，结合紧密。核仁饱满，黄色，口感浓香，无涩味，腹缝线结合紧密。在洛阳地区果实比中林 5 号晚熟 7~10 天。高抗核桃炭疽病和核桃细菌性黑斑病。

　　【主要用途】　干果食用。

　　【适宜种植范围】　河南省核桃适生区。

　　【栽培管理技术】　以山核桃做砧木嫁接繁育。定植株行距 4m×4m 或 4m×5m，山坡丘陵地带可适当密植，平原肥沃地带可适当稀植。整地方式为穴状整地，整地规格为 80cm×80cm×80cm。授粉品种可采用雌先型的'绿波'核桃做授粉树，配置比例 4~8:1 为宜。栽植时间可秋栽，亦可春栽，定干视条件而定，土层厚、有灌溉条件的地方定干高度 0.8~1.2m；土层薄、没有灌溉条件的地方定干高度 1.0~1.5m。根据栽培密度和管理水平确定合适的树形，主要采用疏散分层形和自然开心形。栽培中可通过加强水肥、拉枝缓和枝条顶端优势解决前期产量较低的问题。肥水管理方面，秋施农家肥，生长季施复合肥；重视萌芽水、花后水和封冻水。具体技术参考《河南林木良种》(2018)'中豫长山核桃 1 号'。

　　【病虫害防治】　重点防治核桃溃疡病和核桃举肢蛾、根结线虫等。

十一、'洛核2号'核桃

树　　种：核桃

学　　名：*Juglans regia* 'luohe No. 2'

类　　别：优良品种

通过类别：审定

编　　号：豫 S-SV-JR-004-2018

证书编号：豫林审证字541号

申 请 者：洛阳农林科学院

选 育 人：马贯羊　邓大军　王淑娟　刘莹莹　詹超　张军芳　张向科

【品种特性】　实生选育品种。坚果近圆形，平均单果重15.90g，壳厚1.20mm，纵径46.83mm，横径36.17mm，侧径38.25mm，出仁率53.23%。果壳光滑，缝合线平，结合紧密。核仁饱满，黄色，浓香细腻，无涩味。在洛阳地区，果实9月初成熟期，比'中林1号'早熟5~7天。高抗核桃炭疽病和核桃细菌性黑斑病。

【主要用途】　干果食用。

【适宜种植范围】　河南省核桃适生区。

【栽培管理技术】　以核桃或黑核桃做砧木嫁接繁育。定植株行距3m×5m或4m×6m，山坡丘陵地带可适当密植，平原肥沃地带可适当稀植。整地方式为穴状整地，整地规格为80cm×80cm×80cm。采用雌先型的'绿波'或'艾米格'核桃做授粉树，配置比例4~8:1。栽植时间可秋栽，亦可春栽。定干视条件而定，土层厚、有灌溉条件的地方定干高度0.8~1.2m；土层薄、没有灌溉条件的地方定干高度1.0~1.5m。根据栽培密度和管理水平确定合适的树形，主要采用疏散分层形和自然开心形；在栽培中可通过树势控旺、提早拉枝缓和枝条顶端优势解决前期产量较低的问题。肥水管理方面，秋施农家肥，生长季施复合肥；重视萌芽水、花后水和封冻水。具体技术参考《河南林木良种》(2018)'中豫长山核桃1号'。

【病虫害防治】　重点防治核桃溃疡病和核桃举肢蛾、根结线虫等。

十二、'洛核强'核桃

树　　种：核桃

学　　名：*Juglans regia* 'Luoheqiang'

类　　别：优良品种

通过类别：审定

编　　　号：豫 S-SV-JR-005-2018

证书编号：豫林审证字 542 号

申　请　者：洛阳农林科学院

选　育　人：梁臣　王治军　张俊佩　丁成会　徐慧鸽　畅凌冰　倪锋轩

【品种特性】　实生选育品种。坚果椭圆形，果顶平圆，基部平，果点较密，纵径 5.7cm，横径 5.1cm，侧径 5.6cm，青皮厚度 0.6cm 左右，青皮有短柔毛，成熟后容易脱落，平均单果重 13.6g，缝合线凸起，结合紧密。壳厚 1.0~1.1mm，内褶壁退化，横隔膜膜质，出仁率 56.1%。易取整仁，仁浅黄色，风味香、涩味轻。果实成熟期 8 月下旬，果实发育期 110 天左右。该品种树干通直，主干明显，顶端优势强，生长速度快，枝条生长量大，节间长，冠幅大。

【主要用途】　果、材兼用。

【适宜种植范围】　河南省核桃适生区。

【栽培管理技术】　树势较强，一般株行距 5m×6m，幼树枝条直立，需要进行拉枝处理。幼树以长放修剪和疏枝为主，剪除徒长枝、病虫枝、过密枝、重叠枝。幼树期按树冠垂直投影面积每年每平方米施氮肥 50g，磷、钾各 10g（均为有效成分），结果大树每平方米施肥量为氮 50g，磷、钾各 20g，株施有机肥 100kg，并根据当地的土壤条件适当喷施微量元素。加强中耕除草，每年除草 4~6 次；幼树期合理间种，可种植低秆的农作物或中药材；丘陵旱坡地注重保水和雨季排水，平地干旱季节注重浇水。具体技术参考《河南林木良种》(2018)'中豫长山核桃 1 号'。

【病虫害防治】　惊蛰前后全园喷布 5 度石硫合剂或 30% 机油石硫 300~600 倍液。生长季节交替喷布杀菌剂和波尔多液 3~5 次。

十三、'中洛繁星'小果胡桃

树　　　种：小果胡桃

学　　　名：*Juglans microcarpa* 'Zhongluofanxing'

类　　　别：优良品种

通过类别：审定

编　　　号：豫 S-SV-JM-016-2017

证书编号：豫林审证字 521 号

申　请　者：中国林业科学研究院林业研究所　洛宁县先科树木改良技术研究中心

【品种特性】　实生选育品种。坚果较小，圆球形，基部和顶部平滑，核壳表面有均匀的浅纵裂沟，平均单果重 2.14g。果壳骨质厚而硬，横隔膜骨质，缝合线平、结合紧密，果壳浅黄色。壳厚 2.2~3.1mm，不易取仁。种仁可食，有特殊香味。核仁充实饱满，黄白色。果实成熟期为 8 月下旬。

【主要用途】　坚果做文玩。

【适宜种植范围】　河南省小果胡桃适生区。

【栽培管理技术】　栽植株行距 3~4m×4~6m。栽植时期可分为秋栽和春栽，秋栽适合冬季比较温暖的地区，落叶后 1 周至土壤封冻前进行，秋栽的苗木根系伤口愈合早，生根早，有利于苗木生长。冬季寒冷地区可于春季土壤解冻后栽植，避免苗木冬季抽梢。适宜的丰产树形为自由纺锤形。合理施肥是密植丰产园高产稳产的保证。果实采收后 9 月底至 10 月上旬施基肥，每公顷施农家肥 7500kg 以上，生长季节追施化肥 3~4 次，可在花前、坐果期、果实硬核期进行。在幼树期按树冠垂直投影面积每年每平方米施氮肥 50g，磷、钾各 10g（均为有效成分）。进入丰产期每年株施有机肥 100kg，速效肥 5kg。加强中耕除草，幼树期合理间种，可种植低秆的农作物或中药材；丘陵旱坡地注重保水和雨季排水，平地干旱季节注重浇水。具体技术参考《河南林木良种》（2018）'中豫长山核桃 1 号'。

【病虫害防治】　生长季节加强病虫害防治，萌芽前后全园喷布 5 度石硫合剂，生长季节交替喷布杀菌剂和波尔多液 4~6 次，根据虫害情况，适时喷布农药。

十四、'紫魅 1 号'桑

树　　　种：桑
学　　　名：*Morus alba* 'Zimei No. 1'
类　　　别：优良无性系
通过类别：审定
编　　　号：豫 S-SV-MA 042-2018
证书编号：豫林审证字 579 号
申　请　者：中国农业科学院郑州果树研究所
选　育　人：郭俊英　辛长永　刘丽　魏翠果　张素敏　高磊　宋卫星

【品种特性】　野生选育品种。果实圆筒形，平均单果重 4.8g，果长 3.45cm，果粗 1.57cm；成熟果实紫黑色，风味甜，果胶丰富，果汁多，汁色鲜紫，出汁率 77.95%，有籽，可食率 98.02%，可溶性固形物 10% 以上，桑果富含营养成分和生理活性物质；花芽分化容易，花芽率 92.53%，坐果率 92.4%，单芽果数 5~7 个，平均 6.0 个。早果早丰性极强，定植第 2 年开始结果，第 3

年进入盛果期，连年高产稳产，亩产达 3200kg；抗逆性极强，高抗菌核病。果实成熟期为 5 月上旬至 6 月上旬。

【主要用途】　果实鲜食。

【适宜种植范围】　河南省各地。

【栽培管理技术】

1. 苗木培育

(1)播种育苗

● 种子采集与贮藏。选择无病虫害、生长健壮的成年植株，于 5~6 月桑果成熟时采收。把桑果拌入 20% 的草木灰搅烂，用水冲去果肉和杂质，取沉底的种子阴干，干藏或沙藏。

● 圃地选择。选择地势平坦、交通方便、光照充足、土层深厚、肥沃、排水良好的沙质壤土。以中性土为宜，避免重茬。

①整地：每亩均匀撒施腐熟有机肥 500kg、复合肥 50kg、硫酸亚铁 3~4kg，翻入土壤。深耕细耙整平后，挖好排水沟、灌溉渠，预留好道路。

②作床：高床：适用于地下水位较高或降水量较多的地区。床高 15~20cm，床宽 1~1.2m，步道 30cm；平床：适用于地下水位较低或干旱少雨地区。床面宽 1.2m，地埂高 15cm。畦长根据地形而定。

● 浸种催芽。播种前 5~8 天，把桑籽浸在 40℃ 水中，泡 12 小时。用清水冲洗，平摊在容器内，厚约 3cm，上盖湿布，每天用温水淘洗 1 次，待种皮有近 30% 裂嘴萌动时即可播种。

● 播种。

①播种时间：春播 3 月下旬至 4 月初；夏播 5 月中旬至 6 月中旬；秋播 11 月中旬。

②播种方法：采用条播法，行距 20~30cm，沟宽 3~4cm，深 1cm。播后覆土 1cm。春播采用上年的种子；夏播、秋播用当年种子。

③播种量：每亩播种 0.5~1kg。

● 苗期管理。

①灌溉：畦面略微发白时，及时喷水。幼苗出齐后，小水浅浇。苗高约 5cm 后，当土壤含水量低于 60% 时，适时灌溉。

②间苗定苗：幼苗长至 5~6cm 高时，及时间苗，全年可进行 2~3 次；定苗时株距约 15cm。每亩保留 15000~20000 株。

③松土除草：按照"除早、除小、除了"的原则，及时拔除杂草。一般结合除草，在降雨或灌溉后及土壤板结时进行松土。

④追肥：苗高 20~30cm 时，每亩沟施尿素 5~10kg，施后及时浇水。进入 8 月停施氮肥，每隔 10 天喷施 0.5% 的磷酸二氢钾，连喷 3 次。

（2）嫁接育苗

● 砧木选择。用一年生健康桑实生苗作砧木。

● 接芽选择。选取优良品种母树上生长健壮的一年生枝条中上部的饱满芽。

● 嫁接时间。枝接在春季桑树未发芽前进行；芽接在 5 月下旬至 6 月上旬或 9 月中旬至 10 月上旬进行。

● 嫁接。枝接采用劈接法。芽接采用方块形芽接，在接芽上下方各横切一刀，透过皮层，取出芽片。在砧木离地面 20~30cm 的光滑部位，使用同一芽接刀上下横切两个刀口，中间竖切一刀。中间开口，将芽片嵌入，撕去多余的砧木皮，上下用塑料带绑紧即可。

● 接后管理。接后 10~15 天检查是否成活，未活的及时补接。

（3）扦插育苗

● 插穗的采集与贮藏。一般 2 月上旬在优良品种母本接穗圃采集穗条充实、芽饱满、无病虫害的一年生枝条作为硬枝插穗，分品种绑扎成捆。选背风、阴凉处，地上铺 15~20cm 厚湿沙，将成捆的穗条基部埋入沙内，穗条上面和四周用塑料薄膜覆盖，白天关闭门窗，夜间适当开窗，保持室内温度 10℃以下。

● 扦插时间。硬枝扦插在 4 月中旬芽萌动时。嫩枝扦插，5 月上中旬随采随插。

● 插穗的剪取。选健壮充实、芽饱满的枝条，每条 3~4 个芽，长约 15~20cm，剪成插穗，上剪口在芽尖上 1~1.5cm 处剪断，下剪口在芽基部 0.5cm 处斜剪，剪口平滑。

● 插穗的促根处理。用 1g 生根剂加入 100g 酒精溶解后，兑水 20~25kg 配制成的水溶液。将插穗浸渍 2~4 小时后用清水洗净药液，竖立放置，晾干后即可插植。

● 扦插。插入以沙壤土为主的插床上，株行距为 10cm×15cm，硬枝扦插深 8~10cm，嫩枝扦插深 5~6cm，插完后覆盖农膜与遮阳物。一个月内早晚各喷一次水，每 3~4 天喷一次 400~500 倍的多菌灵，插穗生根成活后，揭去农膜，2 天后去掉遮阳物。

2. 苗木出圃

（1）出圃时间 落叶后至发芽前出圃，起苗前 10 天浇透水。起苗时保证根系完整。

（2）苗木选择 苗木地径粗度 0.6cm 以上，地面以上部位品种枝条有 3 个以上饱满芽，有粗度 0.2cm、长 30cm 的根 5 条以上，枝干上无明显机械损伤和病虫害。

（3）包装运输 根据苗木规格分捆，一年生苗一般每 50 株左右 1 捆，挂上标签。当地造林，随起随运随栽；外运苗木用保湿材料包装根部，盖好篷布，严防风吹日晒。

3. 苗木栽植

（1）园址选择　建园选择立地条件较好，阳光充足，地势平缓，土层深厚、疏松，有机质含量较高，水源充足的壤土和沙壤土。采摘圃区应尽量选择大中型城市郊区，或交通便利的地方，大面积建园最好有配套的保鲜设施条件，或冷冻条件和加工设备。

（2）栽植时间　一般在桑苗落叶至土壤封冻前（冬栽）、土壤解冻至桑苗发芽前（春栽）栽植。以冬栽为好。

（3）栽植密度与方法　栽植以南北走向为好，株行距为 2m×3m。选择二级以上的嫁接苗或扦插苗。开挖 50cm×50cm 的栽植沟，每亩施腐熟的有机肥 2000~3000kg，与表土混匀后填入沟内。栽植时将桑苗根系向四周伸展均匀，回填一半土时轻轻提苗，再填土至与地面持平后踩实，并筑围堰，浇透水。栽植后顺行起垄，垄高 15~20cm。

4. 土、肥、水管理

栽后及时打好树盘，边栽植，边灌水。过 7 天左右再灌 1 次水，以后视土壤情况适时进行灌溉。在树盘内覆 $1m^2$ 的地膜，边缘用土压实，树干周围用土堆压严。按照预先规划的整形要求定干，一般定干高度视树形而定。

（1）土壤管理　春季解冻后中耕除草一次，春夏采果后中耕深翻扩穴一次，结合施入有机肥或复合肥。可采用行间播种绿肥、种草覆盖、行内松土除草保墒等措施，起到增加果园土壤有机质、改善土壤结构和提高肥力的作用。

（2）施肥　施肥原则：用地与养地相结合，有机与无机相结合；改土养根与施肥相结合；合理施用微量元素肥料和中量元素肥料。重施有机肥，生长季节追施速效化肥。

一般分 4 个时期进行施肥。

①催芽肥：果桑冬芽萌发脱苞至雀口期施入，一般每株施用复合肥 0.1~0.25kg。

②发枝肥：收获桑果剪枝后 5~7 天施入，促进新枝发出，每株施氮肥 20.0~30.0g，复合肥 0.1~0.2kg。

③花芽分化肥：7 月中下旬施入，促进枝条成熟，花芽分化，每株施有机肥 2kg 以上，加磷、钾肥各 50~100g。

④冬肥：在桑树进入休眠期后施入，重施有机肥，一般在农历冬至前后 10 天施入，每株施有机肥 3kg 以上。

叶面喷肥：在 4~8 月，每隔 10~15 天喷 0.3% 尿素加 0.2% 磷酸二氢钾，提高坐果率，促进坐果、果实肥大和花芽分化。结果期最后一次叶面肥应该在桑果采收前 20 天结束。

(3)灌水和排水　雨水量多的季节，要及时排除果桑园内积水，防止树体烂根。每次施肥后进行浇水，萌芽前、开花后视天气情况及时灌水，北方寒冷地区越冬前全园浇一次封冻水，开春浇一次萌芽水，发育期应注意补充水分，在采果前7~10天宜停止灌水。

5. 树形培养

'紫魅1号'作为采摘鲜食果用时，宜采用低干、中干拳式树形，有利于进行采摘和提高果品质；在作为加工品种用时，宜采用高干拳式树形，可提高单位面积的产量。

(1)低干拳式树形　该树形适合鲜食采摘园密植栽培或在山地、坡地等采摘不方便的地形密植栽培。特点是树形低矮，栽植密度大，树形形成时间短，成园快，收获早，产量较高。

● 幼树整形。种植后进行定干，定干高度30~40cm，新梢长10~15cm时留2~3个健壮的枝条。第二年桑果采摘后，于地面40~50cm处进行夏伐，形成第一层支干。发芽后每个支干上选留着生位置匀称2~3个新梢芽生长，其余疏除，使每株养成5~6个枝条。第三年结果后在其支干顶端处(即距离地面60~70cm处)夏剪，形成第二层支干。发芽后每个支干上选留2~3个芽，使其萌发新梢，每株15~18根枝条。

● 成年树修剪。

①摘心：2年生以上投产树，当枝条顶部有6~8片新叶时摘心。中下部生长缓慢一般不需摘心。摘心时间在5月上中旬桑果开始变红时进行，此时有利于营养生长转入果实生长。

②夏剪：即夏季修剪，对2年生以上投产树，果实采摘完后(6月上中旬)将所有的结果枝剪除，只保留基部2~3个芽，促其萌发新梢。夏剪后长出的新芽在不同方位均匀留12~15个芽，其余全部抹掉。

③冬剪：剪掉病虫枝、枯枝、过细的枝条、枝条顶端未木质化部分和冻伤部分，过长的枝条顶端多剪一些。一般株高离地面不超2.5m，以利第二年果实采摘方便。

(2)中干拳式树形　种植后进行定干，定干高度45~60cm，新梢长15~20cm时选留2~3个健壮枝条。第2年结果后距离地面70cm处进行夏剪，形成第一层支干。发芽后每支干选留着生位置匀称的2~3个健壮新梢。自第3年起，每年结果后在其支干顶端处(即距离地面65~70cm处)夏剪定拳，以形成每株2~3个留拳，8~12根留的树形，其后每年进行夏剪。

(3)高干拳式树形　高干树形修剪方法与中干桑基本相同，但主干、支干较高，层数较多，每株枝条较多。主干60~80cm，第一层支干距离地面90~100cm，第二层支干距离地面110~120cm，第三层支干距离地面130~150cm，每株有枝条 50 根左右，成年树的修剪同上。

6. 桑果采收

（1）成熟标志　桑葚果梗由绿变黄白，紫红色品种果粒由红变紫。

（2）采收时间　桑葚采收时间以气温较低的清晨为佳。

（3）采收方法　分批采摘，一般每 5 天采收 1 次。采前戴上无菌手套，注意轻拿轻放。

（4）包装出售　按果粒大小筛选分级，先用小塑料盒覆保鲜膜包装，每盒 500~800g，再按级别分别装入专用果箱；在果箱外表面印制桑葚等级、品牌名称、果实照片、装箱重量、种植基地名称等，装箱后及时销售。

7. 采后管理

（1）夏剪修枝　每年 6 月份采果结束后进行夏剪，在幼龄树整形修剪的基础上，将枝条从基部剪掉使其重发新枝，修枝应在晴天中午进行。剪后 10~15 天抹芽定梢，每枝保留 3~5 个新梢；同时，疏去过密的细弱枝。以后每年在枝条基部进行夏剪，在离地 1m 处剪干培养二级主枝，发芽后每个主枝选留 2~3 芽，每株培养 8~12 个枝条。

（2）肥水管理　施肥以有机肥为主、复合肥为辅，分别采用沟施、穴施法。夏剪后 5 天左右，株施尿素 50g；7 月上旬，株施复合肥或尿素 80~100g；8 月下旬施基肥，每亩施腐熟有机肥 1000~1500kg、复合肥 20~30kg。夏秋季视土壤墒情及时灌水，封冻前进行冬灌。

（3）采叶　果实采收后，夏秋季可采叶养蚕。采叶时留柄勿伤桑芽，枝梢上始终保留 10~15 片桑叶。

（4）中耕除草　夏秋季节中耕除草 2~3 次。

（5）冬剪　在落叶后 11 月下旬至翌年 1 月上旬进行。重点剪除枝条顶端 10~20cm 长的嫩梢，以及病虫枝、过密枝、衰弱枝。

【病虫害防治】

1. 防治原则

以预防为主，防治兼重的原则。选栽合适的抗性桑树品种，培育无病虫桑苗，挖除病株，摘掉病叶。加强肥水管理，增施有机肥，提高桑树抗病虫能力。冬季进行剪梢、整枝、修枯桩，并将带有病虫的枝、梢、桩集中烧毁。

人工捕捉体型较大的害虫和采摘具有群集性为害的幼虫或卵块。利用桑害虫的趋食、趋化、趋光性用毒饵或灯光诱杀。

2. 防治方法

（1）幼苗期病害防治　幼苗长出 2~4 片真叶时，用 80% 代森锰锌可湿性粉剂 1000 倍液喷雾，防治苗木猝倒病和立枯病，每隔 10 天喷一次，连喷 3 次。

（2）菌核病

● 防治时间。每年分 3 次进行，第一次始花期（桑花初开时）；第二次盛花期（桑花全面开放）；第三次盛花末期（桑花开始减少，初果显现）。

● 农药防治。70% 甲基托布津 1000 倍或 50% 多菌灵可湿性粉剂 1000 倍。

● 注意事项。①喷施时雾点须细、周到，不可漏喷。一般每亩用量 3~4 药桶，花序、叶、枝充分湿润，以滴水为度。②甲基托布津和多菌灵要交替使用。③配药时按说明配制浓度。

（3）桑天牛防治方法

● 羽化前防治。4 月中下旬之后，对蛀入主干或根部的幼虫，先用镊子或嫁接刀将有新鲜虫粪排出的排粪孔清理干净，然后塞入磷化铝片剂或磷化锌毒签，并用粘泥堵死其他排粪孔，在成虫羽化前喷 2.5% 溴氰菊酯触破式微胶囊。

● 成虫出现时防治。成虫发生初期，可在清晨露水未干时采用手工捉除，或使用 40% 氧化乐果乳油 100 倍液、50% 马拉松乳油 100 倍液加涂白剂（硫磺 1 份、石灰 10 份、40 份水、食盐和兽油各 0.2 份）在果桑新枝基部 40cm 内或主枝表面涂白，减少成虫产卵，杀灭早期部分卵粒。成虫发生高峰期，也是产卵高峰期，可选用内吸性较强的杀虫剂如 40% 氧化乐果乳油 100 倍液喷洒枝干、产卵痕，减少成虫啃食，杀死虫卵。

十五、'华仲 16 号'杜仲

树　　　种：杜仲

学　　　名：*Eucommia ulmoides* 'Huazhong No. 16'

类　　　别：优良品种

通过类别：审定

编　　　号：豫 S-SV-EU-017-2016

证书编号：豫林审证字 483 号

申 请 者：中国林业科学研究院经济林研究开发中心

【品种特性】　选择育种。树势中庸，树姿开张，萌芽力极强，成枝力弱，易形成短果枝和花束状结果枝。果实椭圆形，长 3.34cm，宽 1.20cm，厚 0.47cm，果柄长 0.38cm，果形指数 2.78。种仁长 1.78cm，宽 0.56cm，厚 0.24cm，成熟果实千粒质量 71.5g。果皮质量占整个果实质量的 66.5%~69.8%。果皮杜仲橡胶含量 17.3%，种仁粗脂肪含量 28%~32%，其中亚麻酸含量 58%~62%。果实 9 月中旬至 10 月上旬成熟。

【主要用途】　适于建立高产亚麻酸油杜仲果园。

【适宜种植范围】　河南省杜仲适生区。

【栽培管理技术】 为雌性资源，应配置适宜的授粉品种。适宜的授粉品种是'华仲5号''华仲11号''华仲12号'，授粉品种的比例3%~5%。栽植密度应根据立地条件确定。一般栽植密度为3m×5~2m×3m，每亩45~110株。规模化机械化示范基地可以种植成宽窄行，宽行5m，窄行2~3m，株距3m，每亩56~64株。适宜的树形为自然开心形、两层疏散开心形、自然纺锤形。为了减少大小年结果的现象，可在结果大年时对主干或主枝进行环剥、环割。有水利条件的地方，要在环剥、环割前1周将杜仲树浇透一次水，不能浇水时，最好在下透1次雨以后及时环剥和环割。适宜环剥时间为5月下旬至8月上旬。具体技术参考《河南林木良种》(2018)'华仲6号'杜仲。

十六、'华仲17号'杜仲

树　　　种：杜仲
学　　　名：*Eucommia ulmoides* 'Huazhong No. 17'
类　　　别：优良品种
通过类别：审定
编　　　号：豫S-SV-EU-018-2016
证书编号：豫林审证字484号
申　请　者：中国林业科学研究院经济林研究开发中心

【品种特性】 选择育种。树势中庸，树姿开张，萌芽力极强，成枝力弱，易形成短果枝和花束状结果枝。果实椭圆形，长2.84cm，宽1.06cm，厚0.71cm，果柄长0.35cm，果形指数2.68。种仁长1.47cm，宽0.49cm，厚0.24cm，成熟果实千粒质量72.2g。果皮杜仲橡胶含量17.1%，种仁粗脂肪含量29%~32%，其中亚麻酸含量58%~62%。果实9月中旬至10月上旬成熟。

【主要用途】 适于建立高产亚麻酸油杜仲果园。

【适宜种植范围】 河南省杜仲适生区。

【栽培管理技术】 同'华仲6号'杜仲。具体技术参考《河南林木良种》(2018)'华仲6号'杜仲。

十七、'华仲18号'杜仲

树　　　种：杜仲
学　　　名：*Eucommia ulmoides* 'Huazhong No. 18'
类　　　别：优良品种
通过类别：审定

编　　　号：豫 S-SV-EU-019-2016

证书编号：豫林审证字 485 号

申 请 者：中国林业科学研究院经济林研究开发中心

【品种特性】　选择育种。树势中庸，树姿开张，萌芽力极强，成枝力弱，易形成短果枝和花束状结果枝。果实椭圆形，长 2.86cm，宽 1.07cm，厚 0.56cm，果柄长 0.34cm，果形指数 2.67。种仁长 1.38cm，宽 0.51cm，厚 0.26cm，成熟果实千粒质量 71.5g。果皮质量占整个果实质量的 66.5%～69.8%。果皮杜仲橡胶含量 17.8%，种仁粗脂肪含量 26%～29%，其中亚麻酸含量 58%～60%。果实 9 月中旬至 10 月上旬成熟。

【主要用途】　适于建立高产亚麻酸油杜仲果园。

【适宜种植范围】　河南省杜仲适生区。

【栽培管理技术】　同'华仲 6 号'杜仲。具体技术参考《河南林木良种》（2018）'华仲 6 号'杜仲。

十八、'华仲 19 号'杜仲

树　　　种：杜仲

学　　　名：*Eucommia ulmoides* 'Huazhong NO. 19'

类　　　别：优良品种

通过类别：审定

编　　　号：豫 S-SV-EU-006-2018

证书编号：豫林审证字 543 号

申 请 者：中国林业科学研究院经济林研究开发中心

选 育 人：杜红岩　王璐　杜庆鑫　刘攀峰　朱景乐　杜兰英　朱利利

【品种特性】　实生选育品种。杜仲萌芽力强，成枝力中等，枝条节间长 2.72cm。芽长圆锥形，3 月上、中旬萌动。叶片绿色，卵圆形，长 12.80cm，宽 6.61cm，叶厚 0.22mm，叶形指数 1.94，叶柄长 2.25cm。在河南省，雌花期 3 月 25 日至 4 月 10 日，雌花 8～16 枚，单生在当年生枝条基部。果实 9 月中旬至 10 月上旬成熟。果实椭圆形，果实长 2.35cm，宽 0.92cm，厚 0.24cm，果形指数 2.55。种仁长 1.20cm，宽 0.44cm，厚 0.19cm，成熟果实千粒质量 80.2g。果皮杜仲橡胶含量 17.08%。结果早，结果稳定性好，高产稳产。嫁接苗或高接换雌后 2～3 年开花，第 4～6 年进入盛果期，盛果期每亩年产果量达 160～210kg。

【主要用途】　适于建立高产杜仲橡胶、高产亚麻酸油果园。

【适宜种植范围】　河南省杜仲适生区。

【栽培管理技术】　适宜的授粉品种是'华仲 5 号''华仲 11 号''华仲 12 号'
'华仲 22 号'等，授粉品种的比例 3%~5%。栽植密度应根据立地条件确定。一
般栽植密度为 4m×5~2m×3m，每亩 33~110 株。规模化机械化示范基地可以
种植成宽窄行，宽行 5~6m，窄行 2~3m，株距 3m，每亩 50~64 株。幼树强树
以拉枝为主，弱树可适当将主枝短截 1/3 左右；进入结果期后，修剪以疏枝和
缓放为主，尽可能少短截，主要疏除重叠枝和过密枝。对树体不平衡的植株，
生长势较弱的一侧，可将主枝延长枝和侧枝适当短截。为了减少大小年结果的
现象，可在结果大年时对主干或主枝进行环剥、环割。有水利条件的地方，要
在环剥、环割前 1 周将杜仲树浇透 1 次水，不能浇水的杜仲，最好在下透一次
雨以后及时环剥和环割，环剥和环割时要保持杜仲树长势旺，水分充足，容易
离皮。剥皮之前应准备好剥皮刀(电工刀或芽接刀均可)、塑料薄膜和捆扎绳。
杜仲果园的适宜环剥时间为 5 月下旬至 8 月上旬。杜仲果园施肥配方与一般杜
仲林有较大差异。杜仲果园专用 N、P、K 复合肥中 N:P_2O_5:K_2O = 1.00:1.20:
0.55。具体技术参考《河南林木良种》(2018)'华仲 6 号'杜仲。

十九、'华仲 20 号'杜仲

树　　　种：杜仲
学　　　名：*Eucommia ulmoides* 'Huazhong NO. 20'
类　　　别：优良品种
通过类别：审定
编　　　号：豫 S-SV-EU-007-2018
证书编号：豫林审证字 544 号
申　请　者：中国林业科学研究院经济林研究开发中心
选 育 人：杜红岩　杜庆鑫　杜兰英　王璐　刘攀峰　何凤　王运钢
【品种特性】　实生选育品种。萌芽力强，成枝力弱，枝条节间长 2.64cm。
芽长圆锥形，3 月上、中旬萌动。叶片绿色，卵圆形，长 13.03cm，宽 6.02cm，
叶形指数 2.16，叶柄长 1.84cm。在河南省，雌花期 3 月 25 日至 4 月 10 日，雌
花 8~16 枚，单生在当年生枝条基部。果实 9 月中旬至 10 月上旬成熟。果实椭
圆形，果实 2.96cm，宽 1.05cm，厚 0.23cm，果形指数 2.82。种仁长 1.42cm，
宽 0.46cm，厚 0.21cm，成熟果实千粒质量 79.3g。种仁粗脂肪含量 30.18%，
种仁粗脂肪中亚麻酸含量 60.73%。开花晚，比普通杜仲开花期晚 7~10 天；结
果稳定性好，高产稳产。嫁接苗或高接换雌后 2~3 年开花，第 4~6 年进入盛果
期，盛果期每亩年产果量达 170~230kg。
【主要用途】　适于建立高产亚麻酸油杜仲果园。

【适宜种植范围】 河南省杜仲适生区。

【栽培管理技术】 适宜的授粉品种是'华仲5号''华仲11号''华仲12号''华仲22号'等，授粉品种的比例3%～5%。一般栽植密度为3m×5m～2m×3m，每亩45～110株。规模化机械化示范基地可以种植成宽窄行，宽行5m，窄行2～3m，株距3m，每亩56～64株。杜仲果园施肥配方与一般杜仲林有较大差异。杜仲果园专用N、P、K复合肥中N:P$_2$O$_5$:K$_2$O＝1.00:1.20:0.55。采用条状沟施肥法。在树冠垂直投影两侧各挖一条施肥沟，宽20～40cm，深20～30cm，沟的长度根据植株冠幅的大小而定，一般为植株冠幅的1/4。下一次施肥位置则在树冠另外两侧。具体技术参考《河南林木良种》(2018)'华仲6号'杜仲。

二十、'华仲21号'杜仲

树　　　种：杜仲

学　　　名：*Eucommia ulmoides* 'Huazhong No. 21'

类　　　别：优良品种

通过类别：审定

编　　　号：豫 S-SV-EU-018-2017

证书编号：豫林审证字523号

申　请　者：中国林业科学研究院经济林研究开发中心

【品种特性】 选择育种。叶长卵形，革质，叶长13.76cm，叶宽6.12cm，叶柄长1.12cm，叶基楔形或斜楔形；冠形呈圆锥状，分枝角度35°～65°；芽圆形，2月下旬萌动。开花早，开花稳定性好，雄花产量、活性成分含量高，高产稳产。嫁接苗或高接换优后2～3年开花，4～5年进入盛花期，雄花量大，雄花花径2.26cm，花高2.09cm，雄蕊长1.12cm，每芽雄蕊133个，盛花期每亩可产鲜雄花220～350kg。雄花氨基酸含量达21.34%，其中必需氨基酸含量8.4%。适于建立杜仲雄花茶园和叶用林兼用基地。

【主要用途】 适于建立杜仲雄花茶园和叶用林兼用基地。

【适宜种植范围】 河南省杜仲适生区。

【栽培管理技术】 作为杜仲雄花茶园，栽植密度为2.0m×3.0～1.0m×2.0m，每亩110～330株；杜仲雄花和杜仲叶兼用园，可以采用宽窄行三角定植，栽植密度为宽行2.0～3.0m，窄行1.0m，株距1.0m，每亩种植330～440株。春季在盛花期采集雄花时，将开花枝留3～8个芽剪去；夏季5～6月，在当年生枝条基部进行环剥或环割，环剥宽度0.3～1.0cm，留0.2～0.5cm的营养带。每3～5年将开花枝组逐步回缩短截一轮。具体技术参考《河南林木良种》(2018)'华仲6号'杜仲。

二十一、'华仲 22 号'杜仲

树　　种：杜仲

学　　名：*Eucommia ulmoides* 'Huazhong No. 22'

类　　别：优良品种

通过类别：审定

编　　号：豫 S-SV-EU-019-2017

证书编号：豫林审证字 524 号

申 请 者：中国林业科学研究院经济林研究开发中心

【品种特性】　杂交品种。叶长卵形，革质，叶长 15.63cm，叶宽 6.36cm，叶柄长 1.48cm，叶基楔形或斜楔形；冠形呈圆锥状，分枝角度 35°~65°；芽圆形，2 月下旬萌动。开花稳定性好，雄花产量、活性成分含量高，高产稳产。嫁接苗或高接换优后 2~3 年开花，4~5 年进入盛花期，雄花量大，雄花花径 2.32cm，花高 2.38cm，雄蕊长度 1.24cm，每芽雄蕊数 145，盛花期每亩可产鲜雄花 240~380kg。雄花氨基酸含量达 20.57%，其中必需氨基酸含量 6.7%。适于建立杜仲雄花茶园和叶用林兼用基地。

【主要用途】　适于建立杜仲雄花茶园和叶用林兼用基地。

【适宜种植范围】　河南省杜仲适生区。

【栽培管理技术】　作为杜仲雄花茶园，栽植密度为 3.0m×3.0m~1.5m×2.0m，每亩 75~220 株；杜仲雄花和杜仲叶兼用园，可以采用宽窄行三角定植，栽植密度为宽行 3.0~4.0m，窄行 1.5m，株距 1.5m，每亩种植 160~198 株。春季在盛花期采集雄花时，将开花枝留 3~8 个芽剪去；夏季 5~6 月，在当年生枝条基部进行环剥或环割，环剥宽度 0.3~1.0cm，留 0.2~0.5cm 的营养带。每 3~5 年将开花枝组逐步回缩短截一轮。具体技术参考《河南林木良种》(2018) '华仲 6 号'杜仲。

二十二、'华仲 23 号'杜仲

树　　种：杜仲

学　　名：*Eucommia ulmoides* 'Huazhong No. 23'

类　　别：优良品种

通过类别：审定

编　　号：豫 S-SV-EU-020-2017

证书编号：豫林审证字 525 号

申 请 者： 中国林业科学研究院经济林研究开发中心

【品种特性】 选择育种。叶长卵形，革质，叶基楔形或斜楔形，叶长 21.08cm，叶宽10.74cm，叶柄长2.72cm，单叶鲜重3.63g，单株产叶量9556g；冠形呈圆锥角度状，分枝35°~64°；芽圆形，2月下旬萌动。雄花期3月上旬至4月中旬，雄花6~11枚簇生于当年生枝条基部，雄蕊长0.8~1.2cm。雄花量大，盛花期每亩可产鲜雄花120~190kg。

【主要用途】 既可以作为观赏阔叶乔木，同时可以与生产杜仲雄花茶、叶茶兼用，在生态型游览区建立观赏与采花、采叶兼用杜仲园。

【适宜种植范围】 河南省杜仲适生区。

【栽培管理技术】 作为城市或乡村行道树，种植株距为3~4m；庭院、小区、公园等绿化可根据设计灵活种植，株间距离2~4m；作为观赏与雄花茶兼用，栽植密度为2m×3m~1.0m×1.0m，每亩110~667株。叶用林栽培模式，栽植密度为1.0m×1.0m~0.5×0.5m，每亩种植667~2660株。春季在盛花期采集雄花时，将开花枝留3~8个芽剪去；夏季5~6月，在当年生枝条基部进行环剥和环割，环剥宽度0.3~1.0cm，留0.2~0.5cm的营养带。每3~5年将开花枝组逐步回缩短截一轮。具体技术参考《河南林木良种》（2018）'华仲6号'杜仲。

二十三、'华仲24号'杜仲

树 种： 杜仲
学 名： *Eucommia ulmoides* ' Huazhong No. 24 '
类 别： 优良品种
通过类别： 审定
编 号： 豫S-SV-EU-021-2017
证书编号： 豫林审证字526号
申 请 者： 中国林业科学研究院经济林研究开发中心

【品种特性】 变异品种。叶片红色，观赏价值高，自萌芽展叶开始，叶片即为红色，至秋季落叶时变为紫红色，叶色美观。雄花期3月上旬至4月中旬，雄花6~11枚簇生于当年生枝条基部，雄蕊长0.9~1.2cm。雄花量大，盛花期每亩可产鲜雄花130~200kg。

【主要用途】 适于建立观赏型杜仲雄花茶园或城镇绿化。

【适宜种植范围】 河南省杜仲适生区。

【栽培管理技术】 一般作为城市或乡村行道树，种植株距为3~4m；庭院、小区、公园等绿化可根据设计灵活种植，株间距离2~4m；作为观赏与雄花茶兼用，栽植密度为 2m×3m～1.0m×1.0m，每亩 110～667 株。幼树应促发萌条，修剪以短截为主，每年冬季将一年生枝条短截 1/4～1/3。6 龄以上的单株，对树冠内部萌发的徒长枝适当疏除。具体技术参考《河南林木良种》(2018) '华仲 6 号' 杜仲。

二十四、'华仲 25 号' 杜仲

树　　种：杜仲
学　　名：*Eucommia ulmoides* ' Huazhong NO. 25 '
类　　别：优良品种
通过类别：审定
编　　号：豫 S-SV-EU-008-2018
证书编号：豫林审证字 545 号
申　请　者：中国林业科学研究院经济林研究开发中心
选育人：杜红岩　杜庆鑫　王璐　刘攀峰　杜兰英　李秋林　王海军

【品种特性】　实生选育品种。萌芽力强，成枝力中等，枝条节间长 2.82cm。芽长圆锥形，3 月上、中旬萌动。叶片绿色，卵圆形，长 14.18cm，宽 7.13cm，叶形指数 1.99，叶柄长 1.88cm。在河南省，雌花期 3 月 25 日至 4 月 10 日，雌花 8～16 枚，单生在当年生枝条基部。果实 9 月中旬至 10 月上旬成熟。果实椭圆形，果实长 3.11cm，宽 1.18cm，厚 0.24cm，果形指数 2.64。种仁长 1.35cm，宽 0.49cm，厚 0.21cm，成熟果实千粒质量 81.5g。果皮杜仲橡胶含量 17.01%。结果早，结果稳定性好，高产稳产。嫁接苗或高接换雌后 2～3 年开花，第 4～6 年进入盛果期，盛果期每亩年产果量达 160～215kg。

【主要用途】　适于建立高产杜仲橡胶果园。

【适宜种植范围】　河南省杜仲适生区。

【栽培管理技术】　适宜的授粉品种是 '华仲 5 号' '华仲 11 号' '华仲 12 号' '华仲 22 号'，授粉品种的比例 3%～5%。一般栽植密度为 3m×5m～2m×3m，每亩 45～110 株。规模化机械化示范基地可以种植成宽窄行，宽行 5～6m，窄行 2～3m，株距 3m，每亩 50～64 株。由于杜仲果实对营养元素的特殊需求，杜仲果园施肥配方与一般杜仲林有较大差异。杜仲果园专用 N、P、K 复合肥中N:P_2O_5:K_2O = 1.00:1.20:0.55。采用条状沟施肥法。在树冠垂直投影两侧各挖一条施肥沟，宽 20～40cm，深 20～30cm，沟的长度根据植株冠幅的大小而定，一般为植株冠幅的 1/4。下一次施肥位置则在树冠另外两侧。具体技术参考《河南林木良种》(2018) '华仲 6 号' 杜仲。

二十五、'华仲 26 号'杜仲

树　　　种：杜仲

学　　　名：*Eucommia ulmoides* 'Huazhong NO. 26'

类　　　别：优良品种

通过类别：审定

编　　　号：豫 S-SV-EU-009-2018

证书编号：豫林审证字 546 号

申 请 者：中国林业科学研究院经济林研究开发中心

选 育 人：杜红岩　刘攀峰　杜兰英　王璐　杜庆鑫　庆军　王海军

【品种特性】　　实生选育品种。萌芽力强，成枝力中等，枝条节间长 2.99cm。芽长圆锥形，3 月上、中旬萌动。叶片绿色，卵圆形，长 12.70cm，宽 6.11cm，叶形指数 2.08，叶柄长 1.76cm。在河南省，雌花期 3 月 25 日至 4 月 10 日，雌花 8~16 枚，单生在当年生枝条基部。果实 9 月中旬至 10 月上旬成熟。果实椭圆形，果实 3.37cm，宽 1.31cm，厚 0.25cm，果形指数 2.57。种仁长 1.41cm，宽 0.47cm，厚 0.23cm，成熟果实千粒质量 90.4g。种仁粗脂肪含量 31.08%，种仁粗脂肪中亚麻酸含量 61.97%。结果早，结果稳定性好，高产稳产。嫁接苗或高接换雌后 2~3 年开花，第 4~6 年进入盛果期，盛果期每亩年产果量达 170~220kg。

【主要用途】　　适于建立高产亚麻酸油杜仲果园。

【适宜种植范围】　　河南省杜仲适生区。

【栽培管理技术】　　适宜的授粉品种是'华仲 5 号''华仲 11 号''华仲 21 号''华仲 22 号'，授粉品种的比例 3%~5%。一般栽植密度为 4m×5m~2m×3m，每亩 33~110 株。规模化机械化示范基地可以种植成宽窄行，宽行 5~6m，窄行 2~3m，株距 3m，每亩 50~64 株。杜仲果园施肥配方与一般杜仲林有较大差异。杜仲果园专用 N、P、K 复合肥中 N:P$_2$O$_5$:K$_2$O = 1.00:1.20:0.55。施肥采用条状沟施肥法。在树冠垂直投影两侧各挖一条施肥沟，宽 20~40cm，深 20~30cm，沟的长度根据植株冠幅的大小而定，一般为植株冠幅的 1/4。下一次施肥位置则在树冠另外两侧。具体技术参考《河南林木良种》（2018）'华仲 6 号'杜仲。

二十六、'早红玉'梨

树　　　种：沙梨

学　　名：*Pyrus pyrifolia* 'Zaohongyu'

类　　别：优良品种

通过类别：审定

编　　号：豫 S-SV-PP-025-2016

证书编号：豫林审证字 491 号

申 请 者：中国农业科学院郑州果树研究所

【品种特性】 杂交品种。生长势中庸，树姿半开张，易成花，芽体饱满，始果早。果实圆形，整齐端正，平均单果重 250g，果实纵径 7.5cm，横径 7.2cm。果皮底色绿黄色，阳面沿果点有红晕，果面 1/2 着红色，无果锈，果点中而密，明显，果面光滑。果肉乳白色，肉细酥脆，汁液多，石细胞少。果实 8 月上旬成熟。

【主要用途】 果实食用。

【适宜种植范围】 河南省梨适生区。

【栽培管理技术】 栽培上应合理密植，沙荒薄地及丘陵岗地株行距以 1m×3.5m 或 1m×4m 为宜。土壤肥沃、水分充沛的地区可适当稀植，株行距为 1.5m×3.5m 或 1.5m×4m。幼树要注意通过刻芽等手段促进抽枝以培养树形，定植第 2 年 60cm 以上主干上每 15cm 见芽刻芽，快速形成圆柱形树形，修剪应立足于以轻为主，春季刻芽，撑枝为主，同时配合抹去背上芽。在刻芽同时应用抽枝宝涂抹芽体，促使发枝，提高成枝力。夏季(5~7 月)着重对直立枝、强旺枝采取拉枝、坠枝、拿枝软化等技术，使之平斜生长。进入盛果期后，要及时回缩更新结果枝，疏除一些弱的结果枝，保持中庸稳壮的树势。进入盛果期后，为确保果大质优，应严格控制座果量。留果标准是每隔 20cm 留一个果，其余疏除，每亩大约留果 14000 个，亩产控制在 4000kg 以内。幼树除注意秋施基肥外，要更加注意果后补肥的供给，以补充因结果而大量损耗的养分。具体技术参考《河南林木良种》(2018) '七月酥' 梨。

二十七、'玉香蜜' 梨

树　　种：梨

学　　名：*Pyrus pyrifolia* 'Yuxiangmi'

类　　别：优良品种

通过类别：审定

编　　号：豫 S-SV-PP-002-2017

证书编号：豫林审证字 507 号

申 请 者：中国农业科学院郑州果树研究所

【品种特性】 杂交品种。果实长圆形，平均单果重 260g，纵径 8.1cm，横径 7.8cm，黄白色，果面光滑，无果锈，果点小、疏而隐，果梗长 3.33cm，粗 3.5mm，果梗先端膨大，梗洼浅，果心卵圆形，果肉白色，肉质脆而稍致密，石细胞少，肉质细，汁液多，甜酸，微香，可溶性固形物含量 12.4%，可溶性糖 7.34%，总酸 0.2%，果实 8 月下旬成熟，室温下可贮藏 30 天左右。

【主要用途】 果实食用。

【适宜种植范围】 河南省梨适生区。

【栽培管理技术】 萌芽力强，成枝力中等，在栽培上可以进行合理密植。建议沙荒薄地及丘陵岗地可适当密植，株行距应以 1m×3.5m 或 1m×4m 的株行距。土壤肥沃、水分充沛的地区可适当稀植。株行距应为 1.2m×3.5m 或 1.5m×4m。对幼树可暂缓强调树形，主要通过刻芽等手段促进抽枝以培养树形，定植第 2 年于春季萌芽前，主干 60cm 以上，见芽刻芽，促发成枝，并结合撑枝，快速形成细长圆柱形树形。修剪应立足于以轻为主，夏季(5~7 月)着重对直立枝、强旺枝采取拉枝、坠枝、拿枝软化等技术，使之平斜生长。进入盛果期后，要及时回缩结果枝轴，疏除一些弱的结果枝组，保持中庸稳壮的树势。进入盛果期后，为确保果大质优，应严格控制座果量。留果标准是每隔20cm 留一个果，其余疏除，并加强肥水管理。具体技术参考《河南林木良种》(2018) '七月酥'梨。

二十八、'玉香美'梨

树　　　种：梨

学　　　名：*Pyrus bretschneideri* 'Yuxiangmei'

类　　　别：优良品种

通过类别：审定

编　　　号：豫 S-SV-PB-015-2018

证书编号：豫林审证字 552 号

申 请 者：中国农业科学院郑州果树研究所

选 育 人：李秀根　杨健　王龙　王苏珂　薛华柏　苏艳丽　刘新亚

【品种特性】 杂交品种，八月红梨为母本，砀山酥梨为父本。果实倒卵形，平均单果重 265g，果皮绿白色，果面光滑，果梗先端膨大，梗洼浅，萼片宿存，果肉白色，肉质细，脆而稍致密，石细胞少，汁液多，风味甜，可溶性固形物含量 13.9%，可溶性糖 9.18%，总酸含量 0.14%，Vc 含量 6.36mg/100g。郑州地区 8 月中下旬成熟。货架期 10 天左右，冷库贮藏可到翌年 3 月。

【主要用途】 果实食用；亦可作为授粉品种。

【适宜种植范围】　河南省梨适生区。

【栽培管理技术】　树势强。株行距 1.5m×3.5~4m。授粉品种可选择'圆黄''黄冠''红香酥'等，配置比例 4~8:1。采用圆柱形栽培方式，定植第一年以培养强健的中心干为目标，第二年春季按"刻、拉、撑"省力化栽植模式进行刻芽和撑芽，培养树形；第三年见果，进入盛果期后，在合理负载的基础上，要及时疏除过粗结果枝组与背上枝，过大结果枝组适当回缩，以保持中庸稳状的树势。'玉香美'坐果率高，应注意疏花疏果，留果标准是每隔 20cm 留一个果，每亩大约留果 16000 个，亩产控制在 4000kg 以内。加强果园肥水管理。具体技术参考《河南林木良种》(2018)'七月酥'梨。

【病虫害防治】　及时防治病虫害，重点防治黑星病、梨木虱、食心虫、蚜虫和桔小实蝇等。

二十九、'国庆红'苹果

树　　　种：苹果

学　　　名：*Malus pumila* ' Guoqinghong'

类　　　别：优良品种

通过类别：审定

编　　　号：豫 S-SV-MP-023-2016

证书编号：豫林审证字 489 号

申　请　者：商丘市农林科学院、商丘市林业工作站

【品种特性】　芽变品种。生长势强，成花容易，早果性好。果实近圆形，平均单果重 326.7g，最大单果重 512.0g，底色绿黄色，初熟期果实鲜红色，成熟果实浓红色，色相偏红。果面光洁，有光泽，蜡质厚，手触有明显油腻感。果柄短，平均长 1.80cm。果肉黄白色，肉质松脆，果汁多，酸甜，有香气，品质上等。可溶性固形物含量 15.64%。果实 9 月上旬成熟。

【主要用途】　果实食用。

【适宜种植范围】　豫东黄河故道及生态条件相近地区。

【栽培管理技术】　宜采用矮化栽培，可选用怀来八棱海棠作基砧，'M26'作中间砧，或选用 M9T337 矮化自根砧。株行距 2.0~2.5m×4.0~4.5m。可选用'华硕''早脆绿''新红星'等作为授粉品种，或配置 5% 的'红玛瑙'苹果专用授粉树。采用高纺锤形树形，设置支架栽培，采用刻芽、拉枝等措施培养树形。成形后树高 3.5~4.0m，主干高 0.8m 左右，中心干上着生 25~30 个螺旋排列的小主枝。小主枝平均长度为 1.0~1.2m，同侧小主枝间距为 25~30cm；小主枝与中心干的夹角为 110°~120°，小主枝基部与着生部位的中心干粗度之比1:

3~5。每亩留枝量60000~80000条，长、中、短枝比例1:1:8。矮砧苹果园实行起垄生草土壤管理制度。重视肥水管理，以增强树势。推广应用肥水一体化技术，或肥后浇水，正常年份浇好萌芽水、花后水、膨大水和封冻水。特殊天气根据土壤墒情浇水。随时排除果园积水。严格疏花疏果。花前疏花芽，花期放蜂，花后2~3周定果，每隔20cm留1个果。花后4~5周套袋，成熟前10天去纸袋。具体技术参考《河南林木良种》(2018)'短枝华冠'苹果。

【病虫害防治】 病害较轻，在做好春季彻底清园的基础上，化学防治以喷施波尔多液防控为主。采用安装频振式电子杀虫灯、树干绑诱虫袋、根部用药等无公害防控技术措施防治害虫。果园架设防鸟网防治鸟害。

三十、'金翠'苹果

树　　　种：苹果
学　　　名：*Malus pumila* 'Jincui'
类　　　别：优良品种
通过类别：审定
编　　　号：豫S-SV-MP-024-2016
证书编号：豫林审证字490号
申 请 者：三门峡二仙坡绿色果业有限公司
【品种特性】 杂交品种。树体健壮，半开张。果实短圆柱形，整齐端正，平均单果重213g，通过疏花疏果，单果重可达250g以上；果面有蜡质，亮洁、平滑，鲜红色，底色黄绿，果粉少，果点小，稀灰白色，梗凹无锈；果梗中短，平均长2cm，中粗，梗凹中深；果肉乳白色，细脆；采收时果实去皮硬度8.8kg/cm^2；汁液多，可溶性固形物含量达15.5%，口感爽脆；在普通室温下可贮藏150天以上，无异香味。果实11月上旬成熟。

【主要用途】 果实食用。
【适宜种植范围】 河南省苹果适生区。
【栽培管理技术】 定植乔砧以株行距4m×4m比较合理，矮化砧最好选用M26，株行距4m×3m或4m×2m较为合适，树形以纺锤形和小冠疏层形为主。幼树需及时拉枝，开张角度，确保树体大枝分布合理，小枝多而不密，既要加强土壤和肥水管埋，又要做好各种病虫害防治。具体技术参考《河南林木良种》(2018)'短枝华冠'苹果。

三十一、'华星'苹果

树　　　种：苹果

学　　名：*Malus pumila* 'Huaxing'

类　　别：优良品种

通过类别：审定

编　　号：豫 S-SV-MP-001-2017

证书编号：豫林审证字 506 号

申 请 者：中国农业科学院郑州果树研究所

【品种特性】　杂交品种。果实近圆形，平均纵径 6.7cm，横径 7.6cm，果实中等大小，平均单果重 164g；果实底色黄白，果面着鲜红色，着色面积 70% 以上。果面平滑，蜡质多，有光泽；无锈；果肉黄白色，肉质细，松脆，采收时果实去皮硬度 8.5kg/cm^2；汁液中多，可溶性固形物含量 13.4%，可滴定酸含量 0.28%，有芳香。果实 7 月下旬成熟，室温下可贮藏 10~15 天。

【主要用途】　果实食用；亦可作为授粉品种。

【适宜种植范围】　河南省苹果适生区。

【栽培管理技术】　M26 矮化中间砧 1.5~2m×3.5~4m 的株行距定植、或 M9 矮化自根砧 1.2~1.5m×3~3.5m 的株行距定植，以设施扶干栽培、采用细长纺锤形整形；若采用海棠等实生砧则以 2.5~3.5m×4~5m 的株行距定植，采用自由纺锤形整形。授粉品种可采用成熟期接近的'嘎拉''华硕''华瑞'等，也可与晚熟品种'富士'等混栽，互为授粉。定植当年视苗木强弱定干，壮苗高定干、弱苗低定干；萌芽后及时抹除与主干相竞争的枝芽，培养相对强壮的主干；苗木当年萌发的所有枝条除选定用作中心干的枝保持直立生长外，其他枝条尽早开角和拉枝控制生长势；栽后第一年冬剪时仅对中心干进行短截，主干上当年萌发的侧生枝条过旺的疏除，其余一律缓放，促其成花结果。幼树期注意疏除过多的腋花芽，减少因腋花芽结果而产生的与树体生长之间的竞争。该品种坐果率高，为保证果实大小，应注意疏花疏果，一般单花序留果不超过 2 个。加强果园肥水管理。具体技术参考《河南林木良种》(2018) '短枝华冠' 苹果。

【病虫害防治】　及时防治病虫害，重点防治果树腐烂病、轮纹病、早期落叶病和红蜘蛛。

三十二、'维拉米'树莓

树　　种：覆盆子

学　　名：*Rubus idaeus* 'Willamette'

类　　别：引种驯化品种

通过类别：审定

编　　号：豫 S-ETS-RI-039-2016

证书编号： 豫林审证字 505 号

申 请 者： 河南津思味农业食品发展有限公司、新乡市林业种苗管理站

【品种特性】 从美国引进品种。植株直立。果实圆锥形，平均单果重4.09g，成熟果实亮红色，具光泽，外观漂亮，果肉玫红色，味道酸甜可口，果香味特浓，果肉柔软多汁，果实黏核、种粒极小，果实可食率 97%，出汁率94.27%，鲜食口感极佳。4 月进入始果期，6 月上旬进入盛果期。

【主要用途】 果实食用。

【适宜种植范围】 河南省黄河流域。

【栽培管理技术】 带状栽植，一般采用南北走向，带宽 90～100cm，株距70～90cm，行距250～300cm，每亩定植 300～320 株。土壤 pH 值 6～7，栽植时可适当配置授粉品种。每年春季解冻后应中耕除草一次，以利于疏松土壤、蓄水保墒；有条件的可浇一次水，并及时中耕保墒。秋季采果后应中耕深翻扩穴一次，结合施入有机肥或复合肥。除每次施肥后进行浇水，稀释肥料浓度，在萌芽前、开花后如干旱要及时灌水，促进枝叶生长与着果。果实成熟期需要充足的水分，以提高产量和品质。7～8 月雨水多，要注意排水防渍。初生茎生长到夏末期间，从茎的中上部到顶端形成花芽当年结果，结果后在冬季休眠季节将结果老枝从地面处剪除，通过修剪可以维持合理的密度和株间距，一般株间距保持在 35～45cm，每米 20～25 株。具体技术参考《河南林木良种(二)》(2013)'香妃'树莓。

【病虫害防治】 每年春季发芽前喷一遍 3～5 度的石硫合剂，清除落叶及杂草，7 月中下旬喷一次刹虫剂，防治飞虱及其他虫害，8 月中旬再喷一次杀虫杀菌剂防治病虫危害。

三十三、'中桃绯玉'桃

树　　　种： 桃

学　　　名： *Amygdalus persica* 'Zhongtaofeiyu'

类　　　别： 优良品种

通过类别： 审定

编　　　号： 豫 S-SV-PP-026-2016

证书编号： 豫林审证字 492 号

申 请 者： 中国农业科学院郑州果树研究所

【品种特性】 杂交品种。树势中庸健壮，长、中、短果枝均能结果。果实圆形，两半部对称，果顶平，梗洼浅，缝合线明显、浅，成熟状态一致；单果重150g，大果250g；果皮茸毛短，底色乳白，果面全红，呈明亮鲜红色，十分

美观，果实充分成熟后皮能剥离；果肉白色，红色素多，肉质为硬溶质，较耐运输；汁液中等，纤维中等；果实风味甜，可溶性固形物含量12%，黏核。果实6月初成熟。

【主要用途】　果实食用。

【适宜种植范围】　河南省满足需冷量600小时的地区。

【栽培管理技术】　选择土层深厚、土质疏松、排水良好的土壤种植。采用"Y"形整形，种植密度为1.5m×4m或2m×5m；采用开心形整形，种植密度为3m×5~6m。冬季修剪以长放、疏剪、回缩为主，基本不短截。夏季修剪主要疏除直立徒长枝及过密的新梢。注重疏花疏果，第1次疏果在落花后25天进行，第2次疏果在花后45天进行，一般长果枝留果3~4个，中果枝留2~3个，短果枝、花束状枝留1个或不留。为提高果实品质，可以在果实成熟前30天，每株施1kg腐熟的饼肥，结合叶面喷施0.3%的硫酸钾2次。具体技术参考《河南林木良种》(2018)'豫桃1号'(红雪桃)。

三十四、'黄金蜜桃1号'

树　　种：桃

学　　名：*Amygdalus persica* 'Huangjinmitao No. 1'

类　　别：优良品种

通过类别：审定

编　　号：豫 S-SV-PP-027-2016

证书编号：豫林审证字493号

申 请 者：中国农业科学院郑州果树研究所

【品种特性】　杂交品种。树体生长势中等，树姿较开张，萌发力、成枝率中等。果实圆形，果顶圆平，果基正；缝合线浅，两半部较对称，成熟度较一致。果个中大，单果平均重182g，大果200g以上。果实表面茸毛中等，底色黄，成熟时多数果面着深红色。果肉黄色，溶质，肉质细，汁液中多，近核处有红色素。可溶性固形物11.4%~12.8%，总糖10.4%，总酸0.27%，品质优。黏核。果实6月中旬成熟。

【主要用途】　果实食用。

【适宜种植范围】　河南省桃适生区。

【栽培管理技术】　河南省淮河以北及山区干旱瘠薄地区采用行距2.5~3m(主干形)或4m(V字形)，株距1.2~1.5m；淮河以南及平原肥水充足地区采用行距4~5m(多主枝"V"形)，株距1.5~2.0m；定植沟(穴)要求宽深各80cm，将原土与适量秸秆、粪肥等混匀后回填，浇透水，等土壤沉实后再挖小穴定植。

培养强健主枝，控制侧枝和结果枝组大小；加强夏剪，控上促下，保持树冠内通风透光、无徒长枝。幼树期适当补充 N 肥，促进树冠形成，生长季后期(7 月之后)控肥控水，促进枝条成熟和花芽分化；进入盛果期后，每年 9～10 月(落叶前至少 1 个月)重施有机肥，视树势强弱适当补充复合肥。根据土壤墒情适时浇水，特别是萌芽期和硬核期，要保证充足的水分供应。采收前 15 天以内不宜浇水，避免对品质造成不良影响。4 月底至 5 月初，大、小果分明时进行疏果，疏除畸形果、病虫果和多余果。具体技术参考《河南林木良种》(2018)'豫桃 1 号'(红雪桃)。

【病虫害防治】　根据桃树常见病虫的发生规定及时防治。

三十五、'豫农蜜香'桃

树　　　种：桃

学　　　名：*Amygdalus persica* 'Yunongmixiang'

类　　　别：优良品种

通过类别：审定

编　　　号：豫 S-SV-PP-028-2016

证书编号：豫林审证字 494 号

申　请　者：河南农业大学

【品种特性】　杂交品种。植株长势较强，树姿半开张，新梢绿色，萌芽率和成枝率均为中等。果实长圆形，两半部对称，果顶凸起，梗洼深，缝合线明显、浅，成熟状态一致；平均单果重 148g，大果 220g；果面干净，底色白色，茸毛稀少，果肉白色，肉质为软溶质；汁液多，纤维中等；果实风味甜，可溶性固形物含量 15%，离核。果实 6 月 25 日左右成熟。

【主要用途】　果实食用。

【适宜种植范围】　河南省桃适生区。

【栽培管理技术】　根据地形地貌、土壤肥力和对早期产量的要求，合理确定种植密度和树形。在山区、丘陵或瘠薄的土地可采用 2m×5m 或 3m×4m 的株行距，平原肥沃的土地应适当稀植，采用 2m×5m、4m×5m 或 3m×5m 的株行距，分别按"Y"形和开心形整枝。要重视夏季修剪，及时剪除内膛旺枝、过密枝，控制树势，改善通风透光；冬剪宜轻。注重疏花疏果。疏花应在初花期进行，疏除基部发育差的花蕾、畸形的花蕾；复花芽留一个好的花蕾，并注意保留果枝两侧或斜下侧的花蕾；疏果应在 4 月底至 5 月初进行，疏除畸形果、病虫果、小果和多余果；短果枝留 1 个果，中果枝留 2～3 个果，长果枝留 4 个果，盛果期亩产应控制在 2500kg 以内。进入丰产期后应注意增施有机肥，以保证果实大小、果实的风味与营养品质。具体技术参考《河南林木良种》(2018)'豫桃 1 号'(红雪桃)。

【病虫害防治】 果实发育后期注意防治桃小食心虫、桃蛀螟。

三十六、'兴农红 2 号'桃

树　　种：桃

学　　名：*Amygdalus persica* ' Xingnonghong No. 2'

类　　别：优良品种

通过类别：审定

编　　号：豫 S-SV-PP-029-2016

证书编号：豫林审证字 495 号

申　请　者：内黄县兴农果树栽培有限公司

【品种特性】 芽变品种。树姿半开张，枝中粗，直立性强，顶端优势明显。萌芽率、成枝力均强。果实成熟后，果皮全面浓红色，完全成熟时近表层有红色素沉淀，果个大，平均单果重 150g，最大果重 280g，果实硬度大，采收时平均硬度为 8.28kg/cm^2，可在树上挂 7~10 天不落。果实有香味，鲜食品质佳。半离核。果实 5 月 25 日左右成熟。

【主要用途】 果实食用。

【适宜种植范围】 河南省桃适生区。

【栽培管理技术】 露地栽培整地方式一般为穴状整地，整地规格为 80cm × 80cm × 80cm，造林密度为 1m × 1~3m。保护地栽培整地方式一般为条状沟整地，整地规格为 80cm × 80cm，造林密度为 1m × 1~1.5m。定植当年当新梢长至 15cm 左右时开始追肥，每亩追施尿素 20~25kg，以后每隔 15~20 天追肥一次，连追 4~5 次。6 月以后，当新梢长至 40~50cm 时，采取摘心方法，促其分枝，对生长直立的枝条，采取拿枝方法，改变生长极性，促其尽快形成花芽。7 月上中旬后，当新梢长至 70~80cm 时，为促其木质化，用 200 倍多效唑控制其生长，如生长过旺，间隔半月再喷一次。全年需施肥 3 次，秋施基肥，果实膨大期第一次追肥，硬核期第二次追肥。浇水 5 次，果实膨大期和硬核期施肥后分别浇水 2 次，间隔时间半月，秋季桃树落叶后，土壤结冻前浇封冻水。必须严格疏果，合理负载。疏果应在 4 月底 5 月初进行。具体技术参考《河南林木良种》(2018)'豫桃 1 号'(红雪桃)。

【病虫害防治】 萌芽前用 3~5 度石硫合剂防治灰霉病、红蜘蛛等病虫害；花前、花后用吡虫啉和金吡交替防治蚜虫；生长期用阿维菌素或阿维哒螨灵防治红蜘蛛；用速克灵或百菌清防治灰霉病。

三十七、'中桃 6 号'桃

树　　种：桃

学　　名：*Amygdalus persica* 'Zhongtao No. 6'

类　　别：优良品种

通过类别：审定

编　　号：豫 S-SV-PP-003-2017

证书编号：豫林审证字 508 号

申 请 者：中国农业科学院郑州果树研究所

【品种特性】　杂交品种。果实圆形，果顶圆平；缝合线浅而明显，两半部较对称，成熟度一致。平均单果重 235～288g。果皮茸毛中等，底色绿白，大部分或全部果面着鲜红色。果皮厚度中等，不易剥离。果肉白色，粗纤维中等，硬溶质。果实风味甜，有淡香，果肉汁液中等，可溶性固形物为 13.2%～14.5%，总糖 9.53%，总酸 0.47%，维生素 C 8.04mg/100g。果核长椭圆形，离核。果实 7 月中旬开始成熟，可采摘上市，可持续 10 天左右。

【主要用途】　果实食用。

【适宜种植范围】　河南省桃适生区。

【栽培管理技术】　北方及山区、丘陵或较瘠薄的土地可采用 1.5～2.0m×4m 的株行距，倒"人"字形整枝，或 1.2～1.5m×2.5～3.0m 株行距主干形；土壤条件较好的肥沃土地等可适当稀植，采用 2m×5m 或 3m×5m 的株行距，分别按倒"人"字形或多主枝开心形整枝。幼树期为促使尽快形成树冠，可适当补充复合肥；盛果期后，每年 9～10 月重施基肥；谢花后追施一次氮磷钾复合肥；成熟前 1 个月和采果后分别施一次磷钾肥。根据土壤墒情适时浇水，特别是萌芽期和硬核期，要保证充足的水分供应，同时也应避免旱涝交替。采收前 10 天以内适当控制土壤水分，以免品质降低。视坐果情况适当疏花疏果，保持合理负载。疏果应在花后 40 天左右，大、小果区分明显时进行，疏除畸形果、病虫果和丛生果，以产定果。具体技术参考《河南林木良种》（2018）'豫桃 1 号'（红雪桃）。

【病虫害防治】　冬季清园，萌芽期 5 波美度石硫合剂，花前花后各一遍吡虫啉或可立施等防治蚜虫，5 月下旬麦收前后各喷施一遍哒螨灵防治红蜘蛛。

三十八、'中油 18 号' 桃

树　　种：桃

学　　名：*Amygdalus persica* 'Zhongyou No. 18'

类　　别：优良品种

通过类别：审定

编　　号：豫 S-SV-PP-004-2017

证书编号：豫林审证字 509 号

申　请　者：中国农业科学院郑州果树研究所

【品种特性】　杂交品种。果形圆，果顶圆，对称，缝合线中等明显，果实梗洼深，宽度中等，果皮底色白，全面着红晕，果面无茸毛，果皮较厚，不能剥离。平均单果重 210～230g，果肉硬脆，白色，果皮下花色苷多，果肉有花色苷，近核果肉花色苷少，果肉纤维少，可溶性固形物含量 12.7%。核中等，椭圆形，中等褐色，表面核纹为点和沟，无裂核，黏核，核表面平滑。果实 6 月上中旬成熟。

【主要用途】　果实食用。

【适宜种植范围】　河南省桃适生区。

【栽培管理技术】　北方及山区、丘陵或较瘠薄的土地可采用 1.5～2m×4m 的株行距，倒"人"字形整枝，或 1.2～1.5m×2.5～3.0m 株行距主干形；土壤条件较好的肥沃土地等可适当稀植，采用 2m×5m 或 3m×5m 的株行距，分别按倒"人"字形或多主枝开心形整枝。幼树期为促使尽快形成树冠，可适当补充复合肥；盛果期后，每年 9～10 月重施基肥；谢花后追施一次氮磷钾复合肥；成熟前 1 个月和采果后分别施一次磷钾肥。根据土壤墒情适时浇水，特别是萌芽期和硬核期，要保证充足的水分供应，同时也应避免旱涝交替。采收前 10 天以内不宜浇水，以免品质降低。视坐果情况适当疏花疏果，保持合理负载。疏果应在花后 40 天左右，大、小果区分明显时进行，疏除畸形果、病虫果和丛生果。果实硬度大，须等完全成熟才可采摘，以免早采影响品质。具体技术参考《河南林木良种》(2018) '豫桃 1 号'（红雪桃）。

【病虫害防治】　同'中桃 6 号'桃。

三十九、'中油金帅' 桃

树　　种：桃

学　　名：*Amygdalus persica* 'Zhongyoujinshuai'

类　　　别：优良品种

通过类别：审定

编　　　号：豫 S-SV-PP-005-2017

证书编号：豫林审证字 510 号

申　请　者：中国农业科学院郑州果树研究所

【品种特性】　杂交品种。果实椭圆形，两半部对称，果顶稍平，梗洼浅，缝合线明显、浅，成熟状态一致；平均单果重 200g；果皮光滑无毛，底色浅黄，果面 75% 着红色，果肉黄色，肉质为硬溶质，有韧性，耐运输，货架期长；汁液中等，纤维中等；果实风味甜，可溶性固形物含量 14%，黏核。果实成熟期为 6 月底。

【主要用途】　果实食用。

【适宜种植范围】　河南省桃适生区。

【栽培管理技术】　选择土层深厚、土质疏松、排水良好的土壤种植。采用"Y"形整枝，种植密度为 1.5m×4m 或 2m×5m，采用开心形整枝，种植密度为 3m×5~6m。冬季修剪以长放、疏剪、回缩为主，基本不短截。夏季修剪主要疏除直立徒长枝及过密的新梢。注重疏花疏果，第 1 次疏果在落花后 25 天进行，第 2 次疏果在花后 50 天进行，一般长果枝留果 2 个，中果枝留 1 个，短果枝、花束状枝留 1 个或不留。为提高果实品质，可以在果实成熟前 30 天，每株施 2~4kg 腐熟的饼肥，结合叶面喷施 0.3% 的硫酸钾 2 次。具体技术参考《河南林木良种》(2018)豫桃 1 号(红雪桃))

四十、'豫金蜜 1 号'桃

树　　　种：桃

学　　　名：*Amygdalus persica* 'Yujinmi No. 1'

类　　　别：优良品种

通过类别：审定

编　　　号：豫 S-SV-AP-016-2018

证书编号：豫林审证字 553 号

申　请　者：谭彬　叶霞　冯建灿　郑先波　李继东　程钧　王伟

选育人：谭彬　叶霞　冯建灿　郑先波　李继东　程钧　王伟

【品种特性】　杂交品种，母本'黄水蜜'，父本不详。果实卵圆形，顶部圆凸，顶尖大，缝合线宽浅，两侧较对称；果面茸毛稀少，果皮金黄色，成熟时着红色；果实中等大小，平均单果重 205g，最大单果重 295g，平均纵径 7.9cm，横径 7.3cm，侧径 7.6cm；果皮厚，易剥离；果肉黄色，近核处有红色素，肉质细嫩，口感脆甜，可溶性固形物含量 13.5%，可溶性总糖 7.88%，总酸 0.36%，Vc 5.52mg/100g；果肉硬溶质，汁中等；果核卵圆形，核面粗糙，离核。果实 7 月 10 日左右成熟，可留树 2 周左右，较耐贮运。自花结实，4 年生树亩产 2107.8kg。

【主要用途】　果实食用；亦可作为授粉品种。

【适宜种植范围】　河南省桃适生区。

【栽培管理技术】　山区、丘陵或瘠薄土地可采用 2m×5m 或 3m×4m 的株行距，平原肥沃土地采用 2m×5m、4m×5m 或 3m×5m 的株行距，分别按"Y"形和开心形整枝；早期丰产园，可采用 1.5m×5m 的株行距按主干形整枝或采用 3m×4m 的株行距按三主枝挺身开心形整枝。为确保果实品质，丰产期应注意增施有机肥；5 月中旬开始，每 10 天喷施 0.3% 的 NaH_2PO_4 一次，采果前 20 天停止喷施；每年 9~10 月施入基肥。注意疏花疏果，在初花期进行疏花，复花芽留一个好的花蕾，保留果枝两侧或斜下侧的花蕾。在 4 月底至 5 月初进行疏果，短果枝留 1 个果，中果枝留 2~3 个果，长果枝留 4 个果，盛果期亩产应控制在 2500kg 以内。该品种为中熟品种，推荐进行套袋栽培，套袋应在 5 月下旬进行，套袋前 2~3 天全园喷施 1 次杀虫杀菌剂，选择晴天的 9~11 时和 15~18 时进行。采收前 5 天去袋或直至采收不去袋。具体技术参考《河南林木良种》(2018)'豫桃 1 号'(红雪桃)。

【病虫害防治】　对蚜虫、白粉病、细菌穿孔病等病虫害具有较强的抗性，果实发育后期注意防治桃小食心虫、桃蛀螟。

四十一、'豫金蜜 2 号'桃

树　　种：桃

学　　名：*Amygdalus persica* 'Yujinmi No.2'

类　　别：优良品种

通过类别：审定

编　　号：豫 S-SV-AP-017-2018

证书编号：豫林审证字 554 号

申 请 者：谭彬　叶霞　冯建灿　郑先波　李继东　程钧　王伟

选 育 人：谭彬　叶霞　冯建灿　郑先波　李继东　程钧　王伟

【品种特性】　杂交品种，母本'秋蜜红'，父本不详。果实卵圆形，果顶圆凸，缝合线宽浅，两半部较对称；果皮底色黄，果面干净，茸毛稀少，成熟时着红色；果实中等大小，平均单果重 220g，最大单果重 298g，平均纵径 7.4cm，横径 7.4cm，侧径 7.1cm；果皮厚，果肉黄色，近核处有红色素，口感甜，可溶性固形物含量 13.9%，可溶性总糖 8.84%，总酸 0.23%，Vc 5.38mg/100g；去皮果肉硬度 1.14~1.79kg/cm² 左右；果核卵圆形，核面粗糙，离核。果实 7 月 25 日左右成熟，可留树 2 周左右，较耐贮运。自花结实，4 年生树亩产 2300kg。

【主要用途】　果实食用；亦可作为授粉品种。

【适宜种植范围】　河南省桃适生区。

【栽培管理技术】　同'豫金蜜 1 号'桃。具体技术参考《河南林木良种》(2018)'豫桃 1 号'(红雪桃)。

【病虫害防治】　同'豫金蜜 1 号'桃。

四十二、'中桃 9 号'桃

树　　　种：桃

学　　　名：*Amygdalus persica* 'Zhongtao No. 9'

类　　　别：优良品种

通过类别：审定

编　　　号：豫 S-SV-AP-018-2018

证书编号：豫林审证字 555 号

申　请　者：中国农业科学院郑州果树研究所

选 育 人：曾文芳　牛良　王志强　鲁振华　崔国朝　潘磊　王青青

【品种特性】　杂交品种，母本'秦王'，父本'99-37-46'。自花结实。果实近圆形，平均纵径 7.6cm，横径 7.9cm，平均单果重 287g，最大单果重 412g；果皮底色白，被茸毛，成熟时果面着玫瑰红色，可见少量深色条纹。果肉白色，口感脆甜，可溶性固形物含量 12.8%，可滴定酸含量 0.21%。黏核。果实 6 月 15 日开始采收上市，可留树至 7 月上旬，极耐贮运。

【主要用途】　果实食用。

【适宜种植范围】　河南省桃适生区。

【栽培管理技术】　定植前施足底肥。北方及山区、丘陵或较瘠薄的土地可采用 1.5~2m×4m 的株行距，2 主枝"V"字形整枝；南方及土壤条件较好的肥沃良田等可适当稀植，采用 2m×5m 或 3m×5m 的株行距，按多主枝"V"字形整枝。幼树期适当补充复合肥，促进树冠快速形成；盛果期后，每年 9~10 月重施基肥；根据树体生长势适量追肥。保持土壤墒情适度稳定，避免旱涝交替。采收前 2 周内不宜浇水，以免品质降低。花后 40 天左右疏花疏果，保持合理负载，每亩在 2000kg 左右。合理延迟采收，待果实完全成熟、可溶性固形物达到 12% 以上才可采摘上市。具体技术参考《河南林木良种》(2018)'豫桃 1 号'(红雪桃)。

【病虫害防治】　冬季清园，萌芽期喷洒 5 波美度石硫合剂，花芽露红至大蕾期、谢花后各 1 遍吡虫啉或可立施等防治蚜虫，同时注意苹果小卷叶蛾、梨小食心虫等的危害。

四十三、'中油 15 号'桃

树　　　种：桃

学　　　名：*Amygdalus persica* 'Zhongyou No. 15'

类　　　别：优良品种

通过类别：审定

编　　　号：豫 S-SV-AP-019-2018

证书编号：豫林审证字 556 号

申 请 者：中国农业科学院郑州果树研究所

选 育 人：牛良　王志强　鲁振华　崔国朝　曾文芳　潘磊　王青青

【品种特性】　杂交品种，'89-1-28'为母本，利用'中油桃 5 号'花粉对杂交母树进行了去雄和人工授粉。自花结实。果实圆形，平均纵径 6.5cm，横径 6.7cm，平均单果重 185.2g，最大单果重 226.4g；果皮底色白，果面干净，无毛，成熟时着亮丽鲜红色。果肉白色，口感脆甜，可溶性固形物含量 12.3%，可滴定酸含量 0.28%，Vc 含量 6.13mg/100g。黏核。果实 6 月 5 日开始采收上市，可留树至 6 月下旬，耐贮运。

【主要用途】　果实食用。

【适宜种植范围】　河南省淮河以北桃适生区。

【栽培管理技术】　北方及山区、丘陵或较瘠薄的土地可采用 1.5～2m×4m 的株行距，"V"形整枝；南方及土壤条件较好的肥沃良田等可适当稀植，采用 2m×5m 或 3m×5m 的株行距，按多主枝"V"形整形；山地丘陵果园可采用多主枝自然开心形。行间地面建议生草管理；幼树期适当补充复合肥；盛果期后，每年 9～10 月重施基肥；根据树体生长势于生长季适当追肥。注意保持土壤墒情，避免旱涝交替；采收前 2 周以内适度控水。适当疏花疏果，每亩产量控制在 2000～2500kg。果实可溶性固形物达到 12% 以上时才可采摘上市，早采影响品质。具体技术参考《河南林木良种》(2018) '豫桃 1 号'(红雪桃)。

【病虫害防治】　冬季清园，萌芽期全面喷施 5 波美度石硫合剂，早期重点防治桃蚜、苹果小卷叶蛾、梨小食心虫等。

四十四、'中油20号'油桃

树　　　种：油桃

学　　　名：*Amygdalus persica* var. *nectarina* 'Zhongyou No. 20'

类　　　别：优良品种

通过类别：审定

编　　　号：豫 S-SV-PP-030-2016

证书编号：豫林审证字496号

申　请　者：中国农业科学院郑州果树研究所

【品种特性】　杂交品种。树体大小中等，生长势中等，树姿半开张。果实大，果形圆，果顶圆，对称，缝合线中等明显，果皮底色浅绿白，全面着玫瑰红晕，果面无绒毛，果皮不能剥离。果肉很硬，白色，果皮下花色苷少，果肉有花色苷，近核果肉花色苷中，果肉纤维少，甜。核中等，椭圆形，褐色，表面核纹为点和沟，无裂核，黏核，核表面平滑。果实7月中旬成熟。

【主要用途】　果实食用。

【适宜种植范围】　河南省油桃适生区。

【栽培管理技术】　北方及山区、丘陵或较瘠薄的土地可采用 1.5~2m×4m 的株行距，倒"人"字形整枝，或 1.2~1.5m×2.5~3.0m 株行距主干形；南方及土壤条件较好的肥沃良田等可适当稀植，采用 2m×5m 或 3m×5m 的株行距，分别按倒"人"字形或多主枝开心形整枝。幼树期为促使尽快形成树冠，可适当补充复合肥；盛果期后，每年 9~10 月重施基肥；谢花后追施一次氮磷钾复合肥；成熟前 1 个月和采果后分别施一次磷钾肥。根据土壤墒情适时浇水，特别是萌芽期和硬核期，要保证充足的水分供应，同时也应避免旱涝交替。视坐果情况适当疏花疏果，保持合理负载。疏果应在花后 40 天左右。具体技术参考《河南林木良种》(2018)'豫桃1号'(红雪桃)。

【病虫害防治】　冬季清园，萌芽期 5 波美度石硫合剂，花前花后各 1 遍吡虫啉或可立施等防治蚜虫，5 月下旬麦收前后各喷施一遍哒螨灵防治红蜘蛛。其他主要病虫害按发生规律及时防治。

四十五、'中油金冠'油桃

树　　　种：油桃

学　　　名：*Amygdalus persica* var. *nectarina* 'Zhongyoujinguan'

类　　　别：优良品种

通过类别：审定

编　　　号：豫 S-SV-PP-031-2016

证书编号：豫林审证字 497 号

申 请 者：中国农业科学院郑州果树研究所

【品种特性】 杂交品种。树势中庸健壮，长、中、短果枝均能结果。果实圆形，两半部对称，果顶稍凹陷，梗洼浅，缝合线明显、浅，成熟状态一致；平均单果重 170g，最大单果重 250g；果皮光滑无毛，底色浅黄，果面全红，呈明亮鲜红色，十分美观，果肉黄色，肉质为硬溶质，较耐运输，货架期长；汁液中等，纤维中等；果实风味甜，可溶性固形物含量 14%，黏核。果实 6 月中旬成熟。

【主要用途】 果实食用。

【适宜种植范围】 河南省油桃适生区。

【栽培管理技术】 选择土层深厚、土质疏松、排水良好的土壤种植。采用"Y"形整形，种植密度为 1.5m×4m 或 2m×5m；采用三主枝开心形整形，种植密度为 3m×5~6m。冬季修剪以长放、疏剪、回缩为主，基本不短截。夏季修剪主要疏除直立徒长枝及过密的新梢。注重疏花疏果，第 1 次疏果在落花后 25 天进行，第 2 次疏果在花后 50 天进行，一般长果枝留果 3~4 个，中果枝留 2~3 个，短果枝、花束状枝留 1 个或不留。为提高果实品质，可以在果实成熟前 30 天，每株施 1kg 腐熟的饼肥，结合叶面喷施 0.3% 的硫酸钾 2 次。具体技术参考《河南林木良种》(2018)'豫桃 1 号'（红雪桃）。

四十六、'中蟠 13 号'桃

树　　　种：桃

学　　　名：*Amygdalus persica* 'Zhong Pan No. 13'

类　　　别：优良品种

通过类别：审定

编　　　号：豫 S-SV-AP-020-2018

证书编号：豫林审证字 557 号

申 请 者：中国农业科学院郑州果树研究所

选 育 人：王力荣　陈昌文　朱更瑞　方伟超　曹珂　王新卫　王玲玲

【品种特性】 杂交品种，母本'98-2-1'，父本'砧 1-3'。果实扁平，两半部较对称，果顶平，梗洼浅，缝合线明显、浅，成熟状态一致；平均单果重 160g，最大单果重 230g；果皮茸毛短，底色黄，果面 60% 以上着红色，干净似水洗，十分美观；果肉橙黄色，硬溶质，较耐运输；汁液中等，纤维中等；可溶性固形物含量 12%，黏核，口感好，风味甜，可作为早熟黄肉蟠桃品种发展。

【主要用途】 果实食用。

【适宜种植范围】 河南省桃适生区。

【栽培管理技术】 选择土层深厚、土质疏松、排水良好的土壤种植。采用"Y"形整形，种植密度为 1.5m×4m 或 2m×5m，采用开心形整形，种植密度为 3m×5~6m。冬季修剪以长放、疏剪、回缩为主，基本不短截；夏季修剪主要疏除直立徒长枝及过密的新梢。需要加大疏花疏果力度，以增大果实；第 1 次疏果在落花后 25 天进行，第 2 次疏果在花后 45 天进行，一般长果枝留果 4~5 个，中果枝留果 3~4 个，短果枝、花束状枝留果 1~2 个。为提高果实品质，在果实成熟前 30 天，每株施 1kg 腐熟的饼肥，结合叶面喷施 0.3% 的硫酸钾 2 次。在南方有裂果，需要进行套袋栽培；套袋时间一般在定果后即硬核期进行，郑州地区一般在 5 月 15~20 日左右，套袋前喷施杀虫与杀菌剂，采前 7~10 天去袋，也可不去袋，果实纯黄色即可上市。具体技术参考《河南林木良种》(2018)'豫桃 1 号'(红雪桃)。

四十七、'中蟠 15 号'桃

树　　种：桃

学　　名：*Amygdalus persica* 'Zhong Pan No. 15'

类　　别：优良品种

通过类别：审定

编　　号：豫 S-SV-AP-021-2018

证书编号：豫林审证字 558 号

申 请 者：中国农业科学院郑州果树研究所

选 育 人：王力荣　方伟超　陈昌文　朱更瑞　曹珂　王新卫　李勇

【品种特性】 杂交品种，母本'98-2-1'，父本'砧 1-3'。果实扁平，两半部较对称，果顶显著凹陷，梗洼浅，缝合线明显程度中，成熟状态一致；平均单果重 250g，最大单果重 350g；果皮茸毛短，底色黄，果面 60% 以上着红色，十分美观；果肉黄色，肉质为硬溶质，较耐运输；汁液中等，纤维含量中等；果实风味甜，可溶性固形物含量 14.5%，离核。

【主要用途】 果实食用。

【适宜种植范围】 黄河流域。

【栽培管理技术】 选择土层深厚、土质疏松、排水良好的土壤种植。采用"Y"形整形，种植密度为 1.5m×4m 或 2m×5m；采用开心形整形，种植密度为

3m×5~6m。栽培时注意控制树势。冬季修剪以长放、疏剪、回缩为主，基本不短截；夏季修剪主要疏除直立徒长枝及过密的新梢。注重疏花疏果，第 1 次疏果在落花后 25 天进行，第 2 次疏果在花后 45 天进行，一般长果枝留果 4~5 个，中果枝留果 3~4 个，短果枝、花束状枝留果 1~2 个。为提高果实品质，可以在果实成熟前 30 天，每株施 1kg 腐熟的饼肥，结合叶面喷施 0.3% 的硫酸钾 2 次。该品种成熟期偏晚，易与雨季相逢，最好套袋栽培。套袋时间一般在定果后即硬核期进行。具体技术参考《河南林木良种》(2018)'豫桃 1 号'(红雪桃)。

四十八、'中蟠 17 号'桃

树　　　种：桃
学　　　名：*Amygdalus persica* 'Zhong Pan No. 17'
类　　　别：优良品种
通过类别：审定
编　　　号：豫 S-SV-AP-022-2018
证书编号：豫林审证字 559 号
申 请 者：中国农业科学院郑州果树研究所
选 育 人：朱更瑞　王力荣　陈昌文　方伟超　曹珂　王新卫　王蛟

【品种特性】 杂交品种，母本'98-2-1'，父本'砧 1-3'。果实黄肉，厚度较均一，两半部较对称，成熟状态一致，果面 60% 以上着红色晕，果皮绒毛短，底色黄；果实较大，平均单果重 250g，最大单果重 350g；可溶性固形物含量 14.5%，风味甜，肉质细，硬溶质，耐贮运，离核，7 月中下旬成熟。一般管理水平下，定植第 2 年始果，第 3 年进入丰产期，亩产量可达 2400kg。各类果枝均可结果，自花结实率高，丰产稳产。

【主要用途】 果实食用。

【适宜种植范围】 河南省桃适生区。

【栽培管理技术】 选择土层深厚、土质疏松、排水良好的土壤种植。采用"Y"形整形，种植密度为 1.5m×4m 或 2m×5m；采用开心形整形，种植密度为 3m×5~6m。冬季修剪以长放、疏剪、回缩为主，基本不短截；夏季修剪主要疏除直立徒长枝及过密的新梢。该品种坐果率高，需要进行严格的疏花疏果。第 1 次疏果在落花后 25 天进行，第 2 次疏果在花后 45 天进行，一般长果枝留果 4~5 个，中果枝留果 3~4 个，短果枝、花束状枝留果 1~2 个。该品种幼果期果顶有流胶现象和轻微裂果，应加强树势，注意病虫害防控。为提高果实品质，可以在果实成熟前 30 天，每株施 1kg 腐熟的饼肥，结合叶面喷施 0.3% 的硫酸钾 2 次。该品种成熟较晚，易与雨季相逢，加上幼果期果顶有流胶现象和轻微裂果现象，须进行套袋栽培，套袋时间一般在定果后即硬核期进行。具体技术参考《河南林木良种》(2018)'豫桃 1 号'(红雪桃)。

四十九、'中蟠 19 号'桃

树　　种：桃
学　　名：Amygdalus persica 'Zhongpan No. 19'
类　　别：优良品种
通过类别：审定
编　　号：豫 S-SV-PP-006-2017
证书编号：豫林审证字 511 号
申　请　者：中国农业科学院郑州果树研究所
【品种特性】　杂交品种。果实圆形，两半部对称，果顶平，梗洼浅，缝合线明显、浅，成熟状态一致。平均单果重 180g，果皮光滑无毛，底色黄，果面全红，呈明亮鲜红色，果肉黄色，红色素较少，肉质为硬溶质，较耐运输，汁液中等，纤维中等。果实风味浓甜，可溶性固形物含量 14%~15%，黏核。果实成熟期为 6 月下旬。

【主要用途】　果实食用。

【适宜种植范围】　河南省桃适生区。

【栽培管理技术】　选择土层深厚、土质疏松、排水良好的土壤种植。采用"Y"形整形，种植密度为 1.5m×4m 或 2m×5m；采用开心形整形，种植密度为 3m×5~6m。冬季修剪以长放、疏剪、回缩为主，基本不短截。夏季修剪主要疏除直立徒长枝及过密的新梢。注重疏花疏果，第 1 次疏果在落花后 25 天进行，第 2 次疏果在花后 45 天进行，一般长果枝留果 3 个，中果枝留 2 个果，短果枝、花束状枝留 1 个或不留。为提高果实品质，可以在果实成熟前 40 天，每株施 3kg 腐熟的饼肥，结合叶面喷施 0.3% 的硫酸钾 2 次。果实套袋栽培时，建议采用外层袋为黄色，内层袋为涂蜡的黑色或红色纸袋，采收前提前 3~5 天解袋或不解袋直接上市。具体技术参考《河南林木良种》(2018)'豫桃 1 号'(红雪桃)。

五十、'中油蟠 5 号'桃

树　　种：桃
学　　名：Amygdalus persica 'Zhongyoupan No. 5'

类　　别：优良品种

通过类别：审定

编　　号：豫 S-SV-PP-007-2017

证书编号：豫林审证字 512 号

申 请 者：中国农业科学院郑州果树研究所

【品种特性】　杂交品种。果实扁平，两半部较对称，果顶平，梗洼浅，缝合线明显、浅，成熟状态一致；平均单果重 140g，果皮光滑无毛，底色乳黄，果面全红，呈明亮鲜红色，果肉黄色，肉质为硬溶质，较耐运输，汁液中等，纤维中等，果实风味甜，可溶性固形物含量 14%，黏核。果实成熟期为 6 月下旬。

【主要用途】　果实食用。

【适宜种植范围】　河南省桃适生区。

【栽培管理技术】　选择土层深厚、土质疏松、排水良好的土壤种植。采用"Y"形整形，种植密度为 1.5m×4m 或 2m×5m，采用开心形整形，种植密度为 3m×5~6m。冬季修剪以长放、疏剪、回缩为主，基本不短截。夏季修剪主要疏除直立徒长枝及过密的新梢。注重疏花疏果，第 1 次疏果在落花后 25 天进行，第 2 次疏果在花后 45 天进行，一般长果枝留果 4~5 个，中果枝留 3~4 个，短果枝、花束状枝留 1 个或不留。为提高果实品质，可以在果实成熟前 30 天，每株施 1kg 腐熟的饼肥，结合叶面喷施 0.3% 的硫酸钾 2 次。因该品种含有矮化基因，树势应适当偏旺，多效唑用量适当减少。具体技术参考《河南林木良种》(2018)'豫桃 1 号'（红雪桃）。

五十一、'中油蟠 9 号'桃

树　　种：桃

学　　名：*Amygdalus persica* 'Zhongyoupan No. 9'

类　　别：优良品种

通过类别：审定

编　　号：豫 S-SV-PP-008-2017

证书编号：豫林审证字 513 号

申 请 者：中国农业科学院郑州果树研究所

【品种特性】　杂交品种。果实扁平，两半部较对称，果顶平，梗洼浅，缝合线明显、浅，成熟状态一致；平均单果重 170g，果皮光滑无毛，底色黄，果面 95% 着红色，比较美观，套袋栽培后更漂亮。果肉黄色，肉质为硬溶质，耐运输，汁液中等，纤维中等，果实风味浓甜，可溶性固形物含量 15% 以上，黏核。果实成熟期为 7 月初。

【主要用途】　果实食用。

【适宜种植范围】　河南省桃适生区。

【栽培管理技术】　栽培技术要点同'中油蟠 5 号'桃。具体技术参考《河南林木良种》(2018)'豫桃 1 号'(红雪桃)。

五十二、'中扁 4 号'长柄扁桃

树　　　种：长柄扁桃

学　　　名：*Amygdalus pedunculata* 'Zhongbian No. 4'

类　　　别：优良品种

通过类别：审定

编　　　号：豫 S-SV-AP-027-2018

证书编号：豫林审证字 564 号

申　请　者：国家林业局泡桐研究开发中心

　　　　　　中国林业科学研究院经济林研究开发中心

选　育　人：乌云塔娜　刘慧敏　李芳东　汪跃锋　哈斯其劳　孔新旗

　　　　　　张军霞

【品种特性】　无性系选育品种。叶片长椭圆形，质感粗糙，叶长 2.96cm，叶宽 1.63cm，叶柄长 5.30cm。花单生，先叶开放，粉红色。果实椭圆形，果实纵径 1.29cm，横径 1.27cm，侧径 1.29cm，果梗长 3.5cm，平均单果重 1.03g，核重 0.48g，仁重 0.16g，成熟果实颜色为绿色。花期 3 月底至 4 月初，果实成熟期 5 月底至 6 月初。嫁接苗 1~2 年结果，3~4 年进入盛果期，盛果期每亩可产果仁 30.2~32.2kg。果仁总氨基酸含量为 29.14%。

【主要用途】　果仁可用于提取高档食用油、优质蛋白质等，果壳可用于制造活性炭。可作为观赏树种、荒山荒地造林树种及授粉品种。

【适宜种植范围】　河南省长柄扁桃适生区。

【栽培管理技术】

1. 嫁接苗繁育技术

(1)圃地选择　圃地宜设在苗木需求中心，交通便利，远离污染源，有灌溉条件或接近水源，地势平坦。土壤以土层深厚、土质疏松、通气良好、有机质含量较高、土壤微生物分布较多的沙壤土和壤土为宜。

选择背风向阳、排水良好、土层深厚、地势平坦或坡度≤3°的开阔地带。坡度过大，容易造成水土流失，土壤肥力下降，而且不利于田间操作和灌溉。

(2)土壤消毒　对于玉米等农作物连作或重茬的土壤，宜进行土壤消毒。

农作物连作土壤消毒宜喷洒 50% 多菌灵可湿性粉剂，或 65% 代森锌可湿性粉剂 500~600 倍液，加 50% 辛硫磷乳油或 40% 氧化乐果乳油 1000 倍液，随喷洒随翻拌，杀虫灭菌。重茬土壤宜用浓度为 1%~3% 硫酸亚铁水溶液，每平方米施肥 4.5kg，均匀浇洒在床面上，于施药后 6~7 天播种。

（3）整地作床

● 整地。每亩地均匀播撒腐熟有机肥 3000~5000kg 和复合肥 50kg 做底肥，对苗圃地深翻 25~30cm，进行平整。

● 作床。畦宽 1m，长 10m，埂高 10~15cm，宽 20cm。

（4）砧木培育

● 种子采集。宜选择生长健壮、丰产、稳产、种仁充实而饱满、无病虫害的母树采种，同时在大多数果实完全成熟时进行采摘。优良种子外观饱满、大小均匀、有光泽、无霉变。长柄扁桃采种时间，河南地区在 6 月上、中旬。

果实采集后，及时去掉果肉，宜将种子放至阴凉干燥、通风处，均匀平铺成厚度 1~2cm 自然风干，避免暴晒。种子含水率 9% 以下，在干燥的仓库保存，预防鼠害等，定期检查。

● 种子分级。种子催芽前对种子进行分级。种子分级标准见下表。

长柄扁桃种子质量分级标准表

Ⅰ 级				Ⅱ 级				Ⅲ 级				各级种子含水量不高于
净度不低于	发芽率不低于	生活力不低于	优良度不低于	净度不低于	发芽率不低于	生活力不低于	优良度不低于	净度不低于	发芽率不低于	生活力不低于	优良度不低于	
99%	85%	90%	95%	99%	80%	85%	90%	99%	75%	80%	85%	10%

● 种子处理。

①沙藏催芽：宜沙藏催芽处理种子。将种子用清水浸泡 3~5 天，按种子与河沙 =1:3 的比例混匀后沙藏，沙子湿度保持在 55%~60%，待种核露白率达 60% 以上时播种。

②温水浸种沙藏催芽：宜用温水浸种沙藏催芽。将种子用 30℃ 的温水浸种 2~3 天，每天换水，按种子与河沙 =1:3 的比例混匀后沙藏，沙子湿度保持在 55%~60%，待种核露白率达 60% 以上时播种（沙藏后约 20 天）。

● 播种。

①时间：河南地区直播宜秋季播种，时间为 11 月下旬至 12 月下旬，催芽种子须春播，时间为 2 月下旬至 3 月中旬。

②方法：种子春播时，苗圃地应先灌足底水，开沟点播，开沟深度 5cm，行距 20~30cm，播种间距 4~5cm，覆土厚度 3~4cm，播种量 500~750kg/hm²。

● 播后管理。

①盖膜揭膜：春季播种后，没有灌溉条件的地区宜覆盖地膜增温保湿，苗

木出土率达60%以上时可揭膜。

②间苗定苗：在苗木长到2~4片真叶时，进行间苗，保持株间距5~10cm。间苗宜选择阴天，间苗后及时浇水。

③水分管理：苗期灌溉宜用喷灌。4月中旬至6月下旬，每20天浇一次水，7月上旬至8月下旬，每10天浇一次水。

④施肥：5月中旬，追肥一次，施尿素10~15kg/亩。

（5）嫁接苗培育

●接穗选择。河南地区宜在夏季嫁接。选择生长发育良好、芽饱满且无病虫害的木质化、半木质化当年生枝条，长度40~50cm，茎粗0.3cm。

●接穗采集。夏季采集接穗时，在采穗前3~4天浇透水，宜在上午10:00之前或下午18:00后采集，剪下来的接穗应及时去掉叶片并保护好幼芽。接穗长度20~30cm，30~50根为一捆，挂好标签；春季使用的接穗，于早春芽萌动前采下，长度40~50cm，30~50根为一捆，并标记品种名称。

●接穗贮藏。夏季接穗采集后，宜放到水桶里，水没过剪口1~2cm，露出部分用拧干水的湿毛巾包裹，宜随采随用；不能及时嫁接的接穗应进行低温保藏，保持环境温度2~5℃，相对湿度60%~70%或放到深水井中保藏；长途运输的接穗应用冰袋降温，冰袋与接穗之间应用干毛巾隔开。春季接穗采集后，用塑料薄膜密封好，置于2℃~5℃冷库或进行沙藏保藏。

●嫁接时间。时间为5月下旬至6月上旬。

●嫁接方法。夏季宜采用方块芽接，接芽裸露；春季宜采用带木质嵌芽接，接前3~4天苗圃地浇透水，嫁接位置离地面10~15cm，切口平滑，形成层对齐，绑缚带绑紧。

●剪砧。夏季芽接后7~10天，在嫁接口上方0.5cm处剪砧，剪口要平滑；春季嫁接后15天剪砧，剪砧的部位在嫁接口上方1cm处。

●除萌。夏季嫁接，共除萌3次。嫁接20天后，接芽长度在5cm时，进行第一次抹芽，之后每隔20天除萌一次，共2次。

春季嫁接，除萌2次。嫁接30天左右，接芽长度在5cm时，进行第一次抹芽，第二次抹芽在间隔30天后进行。

●水分管理。苗期灌溉宜用喷灌。夏季嫁接后2天要及时浇水，之后每隔20天左右浇一次水，7月上旬至8月下旬，每10天浇一次水。

●施肥。5月上旬至7月下旬，每20天追肥一次，每次施尿素10~15kg/亩，8月中下旬施一次复合肥，每亩12~15kg/亩。

（6）苗木出圃

●苗木分级。嫁接苗木质量分级标准见如下表。

长柄扁桃嫁接苗木分级标准表

级别		一级	二级
基本指标		充分木质化，色泽正常，无机械损伤，无病虫害。	
根系	≥5cm 一级侧根数	≥8	≥5
	主根长度（cm）	≥20	≥15
地径（cm）		≥0.4	≥0.4
苗高（cm）		≥70	≥50

●苗木包装。将修整好的苗木根部蘸浆，每50～100株为一捆，逐捆加挂标签，注明品种、数量和等级。

●苗木运输。南苗北调时，假植宜用"沙藏假植"法，坑长15m，宽1.2m，深1.5m，南北方向开沟，苗木送到地方后，应按编号假植，按根北梢南方向一层一层放苗，每层放好苗后覆土，苗梢留20cm，下部全部覆土，覆土后灌足水并加盖草帘。

2.园地选择与整地

（1）园地选择　选择土层厚度≥0.6m，pH值6.5～8.5，土壤疏松、排水良好，优先选择沙土、沙壤土地块作为园地。建园之前对园地房屋建设、修筑道路、排灌设施、防护林布设等进行规划设计，并绘出平面图。

（2）整地　挖穴按穴深×穴径=0.4m×0.4m～0.5m×0.5m定植。在定植前挖出的表土与足量有机肥混匀，回填穴中做基肥。

3.苗木栽植

（1）栽植品种　根据当地光热和水肥条件选择适宜的通过省级、国家审（认）定的良种或新品种。栽植苗木选择嫁接苗、扦插苗、组培苗，质量标准达到一、二级苗木规格。

（2）栽植时间　一般在秋季落叶后、春季发芽前栽植。

（3）栽植密度

栽植密度应采用变距方式栽植，株行距2m×2～4m，利于通风透光和机械采收。

（4）品种配置

主栽品种与授粉品种的比例为8:1，同一园内栽植2～3个品种。'中扁4号'异花授粉。应配置适宜的授粉品种。'中扁4号'适宜的授粉品种是'中扁1号''中扁2号''中扁3号'和'蒙扁1号'及其他长柄扁桃品种。

（5）栽植技术　长柄扁桃旱地栽植的关键技术是采用泥浆蘸根。泥浆是用红粘土加适量营养元素、生根粉等用水搅匀成粘稠的泥浆而成。栽植时要做到"一提、二踩、三填实"。苗木栽植后必须及时浇水。第一次浇水时间为从苗木定植到浇水不超过48小时为宜，同时应及时扶正歪斜的苗木；第二次浇水应根据土壤墒情及时补水，第二次扶正苗木。前两次浇水对于提高造林成活率至关重要。

4. 栽后管理

（1）定干　栽植后第一年定干，一般定干高度50cm。

（2）除萌　发芽后及时抹除砧木萌芽和定干高度以下侧芽。

（3）早期间作　适合长柄扁桃间作的主要作物有花生、红薯、萝卜等；主要药材有丹参、防风、生地等耐阴药用植物。主要绿肥植物有油菜、小麦、牧草等，于现蕾期深翻埋入土中。

（4）整形修剪　长柄扁桃适宜采用自然圆头形或自然开心树形。实生苗、扦插苗、组培苗，从基部选2~4条生长健壮的枝条，培养成主干枝，距离地面30cm的下部枝条全部剪除；嫁接苗，嫁接口以下的芽和萌条剪去，30~50cm定干，培养3~5个主干枝，保证光照条件、通风条件良好。

（5）土肥水管理

● 土壤中耕除草。根据生长状况及时进行中耕除草。宜采用机械割草还田的方式进行除草，增加土壤有机质含量和土壤团粒结构形成。

● 施肥技术

①施基肥：第三年开始每年施一次基肥，时间为9月下旬至11月上旬施一次基肥，种类为腐熟的农家肥，施肥量3000~5000kg/亩。

②施追肥：第二年开始，每年施3次追肥，时间为3月上旬、4月下旬和6月下旬。

● 水分管理。第一年，3月定植后浇透水，4~7月每月浇1次水，12月下旬浇一次封冻水；第二年开始，3月定植后浇透水，生长季视情况浇水1~2次，12月下旬浇一次封冻水。

5. 采收

一般采收时间为5月底至6月初，果实自然开裂脱落。采收晴天为宜，下雨、有雾或露水未干时不宜采收。

【病虫害防治】　常见的病虫害主要有白粉病、蚜虫、金龟子等，应及时防治。

五十三、'中扁5号'长柄扁桃

树　　　种：长柄扁桃
学　　　名：*Amygdalus pedunculata* 'Zhongbian No. 5'
类　　　别：优良品种
通过类别：审定

编　　　号：豫 S-SV-AP-028-2018

证书编号：豫林审证字 565 号

申 请 者：国家林业局泡桐研究开发中心、中国林业科学研究院经济林研究开发中心

选 育 人：乌云塔娜　赵罕　刘慧敏　孔新旗　朱绪春　张文英　张军霞

【品种特性】　无性系选育品种。树姿开张，具大量短枝，小枝红褐色，幼时被短柔毛。长枝上叶片互生，短枝上叶片簇生，叶片长椭圆形，质感粗糙，先端急尖，基部宽楔形，叶柄红褐色，叶边缘具不整齐粗锯齿，叶长 2.77cm，叶宽 1.37cm，叶柄长 5.2cm。花单生，先叶开放，萼片三角状卵形，先端疏生浅锯齿，花瓣近圆形，先端微凹，粉红色。果实椭圆形，果实纵径 1.53cm，果实横径 1.58cm，果实侧径 1.59cm，果梗 3.3cm，果重 2.01g，核重 0.82g，仁重 0.26g，果仁总氨基酸含量为 26.97%，成熟果实颜色为黄绿色。果肉薄而干燥，成熟时开裂，离核，花期 3 月底至 4 月初，果实成熟期 5 月底至 6 月初。

【主要用途】　果仁可用于提取高档食用油、优质蛋白质等，果壳可用于制造活性炭；可作为观赏树种、荒山荒地造林树种以及授粉品种。

【适宜种植范围】　河南省长柄扁桃适生区。

【栽培管理技术】　栽植株行距 2m×2~4m，旱地栽植的关键技术是采用泥浆蘸根。授粉品种宜选用'中扁 1 号''中扁 2 号''中扁 3 号'和'蒙扁 1 号'及其他花期接近的长柄扁桃品种。一般定干高度 50cm，发芽后及时抹除砧木萌芽和定干高度以下侧芽；宜轻剪，适宜采用自然开心树形。加强土肥水的管理。具体技术参考'中扁 4 号'长柄扁桃。

【病虫害防治】　常见的病虫害主要有白粉病、蚜虫、金龟子等，应及时防治。一般采收时间为 5 月底至 6 月初，果实自然开裂脱落。采收晴天为宜，下雨、有雾或露水未干时不宜采收。

五十四、'中扁 6 号'长柄扁桃

树　　　种：长柄扁桃

学　　　名：*Amygdalus pedunculata* 'Zhongbian No. 6'

类　　　别：优良品种

通过类别：认定(有效期限 5 年)

编　　　号：豫 R-SV-AP-001-2018

证书编号：豫林审证字 590 号

申 请 者：国家林业局泡桐研究开发中心、中国林业科学研究院经济林研究开发中心

选 育 人：朱高浦　乌云塔娜　刘慧敏　李芳东　苟宁宁　杨朝霞　白智

【品种特性】　选育品种。树姿开张。短枝多，小枝红褐色，幼时被短柔毛。长枝上叶片互生，短枝上叶片簇生，叶片长椭圆形，质感粗糙，先端急尖，基部宽楔形，叶柄红褐色，叶边缘具不整齐粗锯齿，叶长 2.59cm，叶宽 1.35cm，叶柄长 5.00cm。花单生，先叶开放，萼片三角状卵形，先端疏生浅锯齿，花瓣近圆形，先端微凹，粉红色。果实椭圆形，果实纵径 1.91cm，果实横径 1.45cm，果实侧径 1.54cm，果梗 3.00cm，果重 1.98g，核重 1.05g，仁重 0.27g，果仁总氨基酸含量为 31.26%，成熟果实颜色为黄绿色。果肉薄而干燥，成熟时开裂，离核，果实成熟期 5 月底至 6 月初。

【主要用途】　果仁可用于提取高档食用油、优质蛋白质等，果壳可用于制造活性炭；可作为观赏树种、荒山荒地造林树种以及授粉品种。

【适宜种植范围】　河南省长柄扁桃适生区。

【栽培管理技术】　栽植株行距 2m×2～4m，旱地栽植的关键技术是采用泥浆蘸根。授粉品种宜选用'中扁 1 号''中扁 2 号''中扁 3 号'和'蒙扁 1 号'及其他花期接近的长柄扁桃品种。一般定干高度 50cm，发芽后及时抹除砧木萌芽和定干高度以下侧芽。整形宜轻剪，适宜采用自然开心树形。具体技术参考'中扁 4 号'长柄扁桃。

【病虫害防治】　常见的病虫害主要有白粉病、蚜虫、金龟子等，应及时防治。果实自然开裂脱落，一般采收时间为 5 月底至 6 月初，采收晴天为宜，下雨、有雾或露水未干时不宜采收。

五十五、'中扁 7 号'长柄扁桃

树　　　种：长柄扁桃

学　　　名：*Amygdalus pedunculata* 'Zhongbian No. 7'

类　　　别：优良品种

通过类别：审定

编　　　号：豫 S-SV-AP-029-2018

证书编号：豫林审证字 566 号

申 请 者：国家林业局泡桐研究开发中心、中国林业科学研究院经济林研究开发中心

选 育 人：乌云塔娜　赵罕　王淋　李芳东　王志勇　杨红斌　刘照华

【品种特性】　无性系选育品种。树姿开张，具大量短枝，小枝红褐色，幼时被短柔毛。长枝上叶片互生，短枝上叶片簇生，叶片长椭圆形，质感粗糙，先端急尖，基部宽楔形，叶柄红褐色，叶边缘具不整齐粗锯齿，叶长 2.80cm，

叶宽 1.36cm，叶柄长 5.1cm。花单生，先叶开放，萼片三角状卵形，先端疏生浅锯齿，花瓣近圆形，先端微凹，粉红色。果实椭圆形，果实纵径 1.78cm，果实横径 1.45cm，果实侧径 1.60cm，果梗 3.2cm，果重 2.13g，核重 0.91g，仁重 0.32g，果仁总氨基酸含量为 28.43%，成熟果实颜色为浅紫红色。果肉薄而干燥，成熟时开裂，离核，果实成熟期 5 月底至 6 月初。

【主要用途】 果仁可用于提取高档食用油、优质蛋白质等，果壳可用于制造活性炭；可作为观赏树种、荒山荒地造林树种以及授粉品种。

【适宜种植范围】 河南省长柄扁桃适生区。

【栽培管理技术】 栽培时，宜选用一、二级良种苗木，栽植株行距 2m × 2~4m，旱地栽植的关键技术是采用泥浆蘸根。授粉品种宜选用'中扁 1 号''中扁 2 号''中扁 3 号'和'蒙扁 1 号'及其他花期接近的长柄扁桃品种。一般定干高度 50cm，发芽后及时抹除砧木萌芽和定干高度以下侧芽；宜轻剪，适宜采用自然开心树形。加强土肥水的管理。一般采收时间为 5 月底至 6 月初，果实自然开裂脱落。采收晴天为宜，下雨、有雾或露水未干时不宜采收。具体技术参考'中扁 4 号'长柄扁桃。

【病虫害防治】 常见的病虫害主要有白粉病、蚜虫、金龟子等，应及时防治。

五十六、'中仁 2 号'杏

树　　种：山杏

学　　名：*Armeniaca sibirica* 'Zhongren No. 2'

类　　别：优良品种

通过类别：审定

编　　号：豫 S-SV-AS-015-2016

证书编号：豫林审证字 481 号

申 请 者：中国林业科学研究院经济林研究开发中心

【品种特性】 选择育种。树姿半开张，主干及多年生枝灰褐色。果实扁圆形，果核纵径 1.95cm、横径 1.94cm。成熟果实果皮黄色，果顶平，缝合线较浅，两半部对称，成熟时外果皮顺缝合线自然开裂，离核，单仁重 0.35g，出仁率 44.5%。果实 6 月 5~15 日成熟。

【主要用途】 果仁食用。

【适宜种植范围】 河南省杏适生区。

【栽培管理技术】 配置山杏作授粉品种，比例 5%~10%。一般栽植密度为 3m×4m~2m×3m，每亩 55~111 株。树形采用自然开心形，干高 60cm 左右，幼树整形期可保留 5~6 个主枝，进入盛果期后，留主枝 3~4 个，主枝与主干垂直角度 70 度左右，中部角度逐渐减少到 60 度以上。具体技术参考《河南林木良种》(2018)'仰韶黄'杏。

五十七、'中仁 3 号'杏

树　　种：杏

学　　名：*Armeniaca vulgaris* 'Zhongren No. 3'

类　　别：优良品种

通过类别：审定

编　　号：豫 S-SV-AV-016-2016

证书编号：豫林审证字 482 号

申　请　者：洛阳农林科学院、中国林业科学研究院经济林研究开发中心

【品种特性】　杂交品种。树姿半开张，主干及多年生枝灰褐色，花蕾红褐色，花瓣粉红色，盛开时呈白色，花托短，雌蕊略高于雄蕊，授粉率较高。果实卵圆形，纵径 3.6cm、横径 3.6cm。成熟果实果皮黄红色，果顶尖，缝合线明显，两侧不对称，成熟时外果皮不开裂，离核，单仁重 0.68g，出仁率 35.8%。果实 6 月上旬成熟。

【主要用途】　果仁食用。

【适宜种植范围】　河南省杏适生区。

【栽培管理技术】　应配置'凯特杏''白玉扁''龙王帽'等适宜的授粉品种，比例 5%~10%。栽植密度应根据立地条件确定。一般栽植密度为 4m×4m~2m×3m，每亩 42~110 株。适宜的树形结构为自然开心形。干高 60cm 左右，幼树整形期可保留 5~6 个主枝，进入盛果期后，留主枝 3~4 个，主枝与主干垂直角度 70 度左右，中部角度逐渐减少到 60 度以上。每个主枝上可在两侧或背后交错留两个侧枝，侧枝间距 60cm 左右。各级枝的方向、部位按照合理利用空间，防止相互拥挤的原则进行控制和利用。在整形期间，为扩大树冠，增加枝量，应对各级延长枝进行适度短截，以利于抽生营养枝，一般剪去枝条上部三分之一左右为宜，水肥条件好的地块可适当轻减，水肥条件差的地块可适当加重。角度大的营养枝萌发力强，分枝多，形成长、中、短结果枝的能力强，应轻截，待大量果枝形成后再分批回缩，培养成大中型结果枝组。对于主枝和侧枝上出现的枝条，直立的应疏除，留下角度较大的枝条，使枝组基部着生于主侧枝上，而其分枝则呈水平生长。具体技术参考《河南林木良种》(2018)'仰韶黄'杏。

五十八、'红艳'杏

树　　　种：杏

学　　　名：*Armeniaca vulgaris* 'Hongyan'

类　　　别：优良品种

通过类别：审定

编　　　号：豫 S-SV-AV-009-2017

证书编号：豫林审证字 514 号

申 请 者：中国农业科学院郑州果树研究所

【品种特性】　杂交品种。果实近圆形，平均单果重 78.5g，纵径 5.37cm，横径 5.41cm，侧径 5.05cm。果顶微凹，缝合线浅，较明显，片肉稍不对称；梗洼中浅。果皮底色橙黄色，阳面鲜红色；果面有绒毛；果皮中厚。果肉金黄，肉质细、蜜，果肉硬，纤维少，味酸甜适度，可溶性固形物 14.6%。核卵圆形。核表面细网纹较浅；干核平均重 3.2g；纵径 2.83cm，横径 2.36cm，侧径 1.37cm。仁较饱满，干仁平均 0.8g；可食率 93.6%。果实成熟期为 5 月底 6 月初，常温下可贮藏 10~15 天。

【主要用途】　果实及果仁均可食用。

【适宜种植范围】　河南省杏适生区。

【栽培管理技术】　新建杏园以株行距 3m×3m、2.5m×3m、2m×3m 为宜，大棚可定植 1.5m×2m~1m×2m 为宜。为了提高坐果率可配置'凯特''早金艳''金太阳'等品种作为授粉树。定植时间可在春季进行，也可在秋季进行。冬季比较暖和的地区最好秋栽，秋栽时期是在树苗落叶后 1 周至土壤封冻前进行，秋栽的苗木根系的伤口愈合早，发根早，缓苗快，有利于定植后的苗木生长。在冬季较为寒冷的地区，宜进行春栽，春栽在解冻后至苗木发芽前栽培为宜。可采用主干疏散分层形或自由纺锤形进行整形。为获得均匀和品质优良的大果，合理布局树体的负载量，保证连年丰产，必须进行疏花疏果。对于过弱的花枝花前要短截，过长的花枝要回缩，可以促进萌发部分营养枝，保证当年果实有充足的营养。应在花后落花后 15 天即可进行第一次疏果，疏去发育不良和拥挤的果实，间隔 15 天后进行第二次疏果，长枝、中长枝间隔 5~6cm 留一个果，短枝留单果。加强果园水肥管理和病虫害防治。具体技术参考《河南林木良种》(2018)'仰韶黄'杏。

五十九、'玫硕'杏

树　　　种：杏

学　　名：*Armeniaca vulgaris* 'Meishuo'

类　　别：优良品种

通过类别：审定

编　　号：豫 S-SV-AV-010-2017

证书编号：豫林审证字 515 号

申 请 者：中国农业科学院郑州果树研究所

【品种特性】　杂交品种。果实近圆形，平均单果重 117.6g，纵径 5.8cm，横径 6.0cm，侧径 6.2cm。果顶平，缝合线浅，较明显，片肉对称；梗洼中深。果皮金黄色，阳面有玫红；果面有茸毛；果皮中厚，易剥离。果肉金黄，肉质软细，纤维少，多汁，味甜，香味较浓，可溶性固形物 15.1%。核椭圆形，表面较粗；干核平均重 3.36g；纵径 3.45cm。横径 2.6cm，侧径 1.12cm。仁苦、较扁平，干仁平均 0.41g；可食率 95.3%。果实成熟期为 5 月底，常温下可贮放 5~7 天。

【主要用途】　果实食用。

【适宜种植范围】　河南省杏适生区。

【栽培管理技术】　新建杏园可以按照株行距 3m×3m、2.5m×3m、2m×3m 为宜，采摘园可采用较宽行距 2.5m×4m、3m×4m，大棚设施栽培可采取 1.5m×2m~1m×2m 密度为宜。为了提高坐果率可配置'凯特'或'金太阳'作为授粉树，配置比例 4~8:1。定植时间春季、秋季均可进行。冬季比较暖和的地区最好秋栽，秋栽时期是在树苗落叶后 1 周至土壤封冻前进行，秋栽的苗木根系的伤口愈合早，发根早，缓苗快，有利于定植后的苗木生长。在冬季较为寒冷的地区，宜进行春栽，春栽在解冻后至苗木发芽前栽培为宜。采用主干疏散分层形或纺锤形、自然开心形树形均可。对于过弱的花枝花前要短截，过长的花枝要回缩，可以促进萌发部分营养枝，保证当年果实有充足的营养。疏果可进行两次，第一次疏果在花后 20 天进行，疏去发育不良和拥挤的果实，间隔 15 天进行第二次疏果，长枝、中长枝间隔 5~8cm 留一个果，短枝留单果。加强果园水肥管理。具体技术参考《河南林木良种》(2018)'仰韶黄'杏。

六十、'中仁 5 号'杏

树　　种：杏

学　　名：*Armeniaca vulgaris* 'Zhongren No. 5'

类　　别：优良品种

通过类别：审定

编　　号：豫 S-SV-AV-030-2018

证书编号：豫林审证字 567 号

申 请 者：国家林业局泡桐研究开发中心、中国林业科学研究院经济林研究开发中心

选 育 人：乌云塔娜　王淋　李芳东　王志勇　陈晨　郭力　于自力

【品种特性】　选育品种。树冠自然圆头形，树枝条直立。一年生枝向阳面紫红色，背光面浅绿色，叶形卵圆形，平均叶长 6.33cm，叶宽 4.95cm，叶柄长 2.12cm，叶基截形，叶尖渐尖，叶边缘具钝锯齿。花簇生，花萼红色，花瓣粉红色。果实近圆形，常呈串状聚集生长，成熟时变黄，果实缝合线不明显，两半对称，杏枝条直立，以多年生直立枝为主。幼树生长势稍强，成年树生长势中庸，苗木嫁接当年树干基径 3.3cm，新梢基径平均 0.5cm。杏枝条直立，以多年生直立枝为主，异花结实，苗木定植后第 1 年开始结果，第 2 年进入盛果期，丰产性强，盛果期单株产果实 8.3kg。果实成熟期为 6 月底。

【主要用途】　可作为经济林、生态经济林树种；果肉和果仁是重要的加工原料。

【适宜种植范围】　河南省杏适生区。

【栽培管理技术】　选择向阳和高燥处建园，不可在阴坡、涝洼地及冷空气易下沉的山谷地建园。配置适宜的授粉品种。'中仁 5 号'适宜的授粉品种是'中仁 3 号''中仁 4 号''金太阳'等品种。授粉品种的比例 5%~10%。定植时要挖深宽各 1m 的定植沟或长宽深各 1m 的定植穴，沟底加入厩肥（每株 30~50kg），回填表土后将苗定植在中间，常规苗接口与地面平，踏实，灌足水，覆盖地膜保水。在 60cm 处定干，套上一个地膜筒，至展叶后摘除。规划的株行距要大些。但考虑到早期丰产的需要可在建园时设置临时株，随着树龄的增大逐渐间伐或移植。永久行的株行距可按 4m×6m 设计，临时加密园为 2m×3m，到 10 年生左右要及时处理临时株。规划时还要考虑土壤和肥水情况，如果土质肥沃、土层深厚、水源充足，株行距要加大 1m 左右。反之，如土质瘠薄并干旱，株行距可减少 0.5m 左右。具体技术参考《河南林木良种》（2018）'仰韶黄'杏。

六十一、'中仁 6 号'杏

树　　种：杏

学　　名：*Armeniaca vulgaris* 'Zhongren No. 6'

类　　别：优良品种

通过类别：审定

编　　号：豫 S-SV-AV-031-2018

证书编号：豫林审证字 568 号

申 请 者： 国家林业局泡桐研究开发中心、中国林业科学研究院经济林研究开发中心

选 育 人： 魏安智　乌云塔娜　赵罕　李芳东　徐宛玉　宋松敏　郭力

【品种特性】　选育品种。树姿半开张，主干及多年生枝灰褐色，一年生枝粗壮，向阳面紫红色，背光面青绿色。叶片长圆形，叶面明显，背面有茸毛。叶长 8.82cm、宽 6.27cm，叶柄长 2.51cm。花期 3 月下旬，花蕾红褐色，花瓣粉红色，授粉率较高。果实圆形，腹缝线不明显，两侧不对称，果顶凹平，果实纵径 2.30cm、横径 1.21cm、侧径 1.91cm。成熟果实果皮呈淡黄色，离核，单仁重 0.52g，出仁率 36.4%。幼树和成年树生长均较旺盛，苗木嫁接当年树干基径 3.6cm，新梢基径平均 0.8cm。以中、短果枝结果为主，常呈串状生长，结果量可达全树结果量的 80%~90%。异花结实，苗木定植后第 1 年开始结果，第 2 年进入盛果期，丰产性强，盛果期单株果实产量 32kg，单株仁产量 0.7kg，每亩产果实 3552kg，杏仁 77.7kg。

【主要用途】　可作为经济林、生态经济林树种；果肉和果仁是重要的加工原料。

【适宜种植范围】　河南省杏适生区。

【栽培管理技术】　选择向阳和高燥处建园，不可在阴坡、涝洼地及冷空气易下沉的山谷地建园。应配置适宜的授粉品种，可选择'金太阳''凯特'等主栽品种作为授粉品种，授粉品种比例为 5%~10%。定植时要挖深宽各 1m 的定植沟或长宽深各 1m 的定植穴，沟底加入厩肥（每株 30~50kg），回填表土后将苗定植在中间，常规苗接口与地面平，踏实，灌足水，覆盖地膜保水。在 60cm 处定干，套上一个地膜筒，至展叶后摘除。栽植密度应根据立地条件确定，一般栽植密度为 2m×3m。具体技术参考《河南林木良种》(2018)'仰韶黄'杏。

六十二、'中仁 7 号'杏

树　　　种： 杏

学　　　名： *Armeniaca vulgaris* 'Zhongren No. 7'

类　　　别： 优良品种

通过类别： 审定

编　　　号： 豫 S-SV-AV-032-2018

证书编号： 豫林审证字 569 号

申 请 者： 国家林业局泡桐研究开发中心、中国林业科学研究院经济林研究开发中心

选 育 人： 朱高浦　乌云塔娜　王淋　赵罕　黄梦真　张校立　于自力

【品种特性】　选育品种。树姿半开张，主干及多年生枝灰褐色，一年生枝及新梢向阳面紫红色，背光面浅绿色。叶片圆形，表面光滑，叶长 5.70cm、宽 5.00cm，叶尖短尾尖，叶缘具钝锯齿；叶柄向阳面红褐色，长 2.9cm。花蕾红褐色，花瓣粉红色，盛开时呈白色，花托短，雌蕊略高于雄蕊，授粉率较高。果实扁圆形，果顶凹平，缝合线较明显，两侧不对称，离核，果实纵径 2.60cm、横径 1.30cm、侧径 2.34cm。成熟果实果皮黄红色，成熟时外果皮不开裂，单果重 17.96g，单仁重 0.91g，出仁率 31.6%。

【主要用途】　可作为经济林、生态经济林树种；果肉和果仁是重要的加工原料。

【适宜种植范围】　河南省杏适生区。

【栽培管理技术】　选择向阳和高燥处建园，不可在阴坡、涝洼地及冷空气易下沉的山谷地建园。应配置适宜的授粉品种，可选择金太阳、凯特杏等主栽品种作为授粉品种，授粉品种比例为 5%~10%。定植时要挖深宽各 1m 的定植沟或长宽深各 1m 的定植穴，沟底加入厩肥(每株 30~50kg)，回填表土后将苗定植在中间，常规苗接口与地面平，踏实，灌足水，覆盖地膜保水。在 60cm 处定干，套上一个地膜筒，至展叶后摘除。栽植密度应根据立地条件确定，一般栽植密度为 2m×3~4m。具体技术参考《河南林木良种》(2018)'仰韶黄'杏。

六十三、'黄金油'杏

树　　　种：杏

学　　　名：*Armeniaca vulgaris* 'Huangjinyouxing'

类　　　别：优良品种

通过类别：审定

编　　　号：豫 S-SV-AV-033-2018

证书编号：豫林审证字 570 号

申 请 者：中国农业科学院郑州果树研究所

选育人：陈玉玲　夏乐晗　冯义彬　回经涛　黄振宇　李玉峰　陈占营

【品种特性】　实生选育品种。果实长圆形，平均单果重 38.6g，最大果重 45.4g；纵径 3.8cm，横径 2.7cm。果顶平，缝合线浅，较明显，片肉对称，梗洼中深，可自花结实。果皮金黄色；果皮中厚。果肉金黄，肉质软细，纤维少，多汁，味极甜、芳香浓郁。可溶性固形物 20.6%，Ph 值 6.7，维生素 C 11.5%，总糖 15.35%，还原糖 2.84%，总酸 0.69%，果胶 1.86%。核椭圆形。核表面较光滑细质；干核平均重 3.2g；纵径 2.0cm。仁甜、较饱满，干仁平均 0.7g；可食率 96.3%；常温下可贮放 7~10 天。果实 6 月上中旬成熟。

【主要用途】　果实食用；亦可作为授粉品种。

【适宜种植范围】　河南省杏适生区。

【栽培管理技术】　新建杏园以株行距 2~3m×3~4m 为宜，可根据立地条件适当调整。选择山桃或杏作为砧木，建议为主干形。整形修剪休眠期和生长季进行，修剪采用疏枝、短截、拉枝、抹芽、摘心等方法，结果枝以中长枝较好，健壮树体盛果期徒长现象较轻，修剪不宜过重；4 月初生理落果后进行疏果，以叶果比 10∶1 比较适宜；去除影响幼果生长空间的叶片，保证果面光洁。需水较多，全年可分为花前水（3 月中旬）、硬核水（4 月中旬）、膨大水（4 月下旬）和封冻水（12 月底）4 次进行灌水。灌水时，以湿透根系集中分布层为宜。果实接近成熟期时（5 月中旬）要进行控水，以增进果实品质。雨季注意及时排水。果实采收后施基肥，以腐熟的牛粪、鸡粪为优，可提早果实成熟期。冬季刚修剪的剪锯口易腐朽，直径 2cm 以上的伤口，应在修剪之后，用防腐剂保护，防止腐烂。具体技术参考《河南林木良种》（2018）'仰韶黄'杏。

六十四、'早红香'李

树　　　种：李

学　　　名：*Prunus salicina* 'Zaohongxiang'

类　　　别：优良品种

通过类别：审定

编　　　号：豫 S-SV-PS-034-2018

证书编号：豫林审证字 571 号

申　请　者：中国农业科学院郑州果树研究所

选　育　人：陈玉玲　夏乐晗　黄振宇　冯义彬　回经涛　李玉峰　李铮

【品种特性】　杂交品种，母本'红美丽'，父本'大石早生'。果实近圆形，平均单果重 56g，最大果重 76g；纵径 42.38cm，横径 41.96cm，侧径 42.44cm。果顶微尖，缝合线浅，较明显，左右对称；梗洼深广。果皮底色黄绿，果面红色；果面有果粉；果皮中厚。果肉黄色，肉质细、蜜、酥脆，纤维少，味酸甜适度，具芳香味。可溶性固形物 16.1%，pH 值 6.1，维生素 C 8.68%，可溶性糖 8.31%，还原糖 2.84%，总酸 1.81%。核小、扁圆形、粘核；干核平均重 1.16g；纵径 2.05cm，横径 1.41cm，侧径 0.82cm。可食率 98.3%。常温下可贮放 15~20 天。果实成熟期为 6 月上旬

【主要用途】　果实食用；亦可作为授粉品种。

【适宜种植范围】　河南省丘陵、山地、平原等李栽培区。

【栽培管理技术】　选择砧木苗进行栽植建园，选择山桃或杏作为砧木。栽

植密度以 2~3m×3~4m 为主，可根据立地条件适当调整。整形修剪休眠期和生长季进行，修剪采用疏枝、短截、拉枝、抹芽、摘心等方法，结果枝以中长枝较好，健壮树体盛果期徒长现象较轻，修剪不宜过重；4 月初生理落果后进行疏果，以叶果比10∶1 比较适宜；去除影响幼果生长空间的叶片，保证果面光洁。需水较多，全年可分为花前水(3 月中旬)、硬核水(4 月中旬)、膨大水(4 月下旬)和封冻水(12 月底)4 次进行灌水。灌水时，以湿透根系集中分布层为宜。果实接近成熟期时(5 月中旬)要进行控水，以增进果实品质。雨季注意及时排水。果实采收后施基肥，以腐熟的牛粪、鸡粪为优，提早果实成熟期。冬季刚修剪的剪锯口易腐朽，直径 2cm 以上的伤口，应在修剪之后，用防腐剂保护，防止腐烂。具体技术参考《河南林木良种》(2018)'金吉'李。

六十五、'春雷'樱桃

树　　种：樱桃
学　　名：*Prunus avium* 'Chunlei'
类　　别：优良品种
通过类别：审定
编　　号：豫 S-SV-PA-037-2016
证书编号：豫林审证字 503 号
申 请 者：中国农业科学院郑州果树研究所

【品种特性】　杂交品种。树势极强，树姿直立，树体分枝力中。果实肾形，平均单果重8.5g，果顶凹，果柄短，果皮颜色紫红，果肉颜色紫红，果汁颜色紫红；果核形状椭圆，中等大小；肉质硬脆，可溶性固形物 16.5%，总糖10.11%，可滴定酸 0.74%，维生素 C 8.94mg/100g，酸甜适口，品质上等。畸形果极少或无。果实成熟期中晚，一般 5 月 25~30 日成熟。

【主要用途】　果实食用。

【适宜种植范围】　河南省樱桃适生区。

【栽培管理技术】　株行距 2~2.5m×4~4.5m，树形可采用改良(黄)纺锤形、细长纺锤形或直立中央领导干等。幼树以中长果枝结果为主，进入盛果期后，以中果枝和花束状果枝结果为主，具有较好的早果性和丰产性，较抗裂果。'春雷'为自花不实品种，栽培时应配置授粉树，花期中，授粉品种可用'萨米脱''艳阳''赛维'等，相互之间可互相授粉。幼树定植后个别单株第 2 年即可少量成花，第 3 年结果，第 4 年进入盛果期初期，盛果期亩产可达 1200kg 以上。幼树整形期间每年秋冬季应注意对侧枝及时进行拉枝处理，修剪以缓放为主、少短截，加强肥水管理，保持强壮树势。盛果期树大量结果后注意及时回

缩复壮，加大施肥量，防止因结果过多而变弱。具体技术参考《河南林木良种
(二)》(2013)'春晓'樱桃。

六十六、'春露'樱桃

树　　种：樱桃

学　　名：*Prunus avium* 'Chunlu'

类　　别：优良品种

通过类别：审定

编　　号：豫 S-SV-PA-038-2016

证书编号：豫林审证字 504 号

申　请　者：中国农业科学院郑州果树研究所

【品种特性】　实生选育品种。树势强，树姿半直立，树体分枝力中。果实
肾形，平均单果重 8.1g，果顶凹，果柄短，果皮颜色紫红，果肉颜色紫红，果
汁颜色紫红；果核形状椭圆，中等大小；果实硬度软，可溶性固形物 16.4%，
总糖 12.48%，可滴定酸 0.64%，Vc 5.58mg/100g，酸甜适口，品质上等。畸
形果极少或无。果实成熟期较早，一般 5 月 14~16 日成熟。

【主要用途】　果实食用。

【适宜种植范围】　河南省樱桃适生区。

【栽培管理技术】　株行距 2~2.5m×4~4.5m，树形可采用改良(黄)纺锤
形、细长纺锤形或直立中央领导干等。幼树以中长果枝结果为主，进入盛果期
后，以中果枝和花束状果枝结果为主，具有较好的早果性和丰产性，较抗裂果。
'春露'为自花不实品种，栽培时应配置授粉树，花期中，授粉品种可用'早大
果''早红珠''红灯''龙冠'等，相互之间可互相授粉。幼树定植后个别单株第
2 年即可少量成花，第 3 年结果，第 4 年进入盛果期初期，盛果期亩产可达
1200kg 以上。幼树整形期间每年秋冬季应注意对侧枝及时进行拉枝处理，修剪
以缓放为主、少短截，加强肥水管理，保持强壮树势。盛果期树大量结果后注
意及时回缩复壮，加大施肥量，防止因结果过多而变弱。具体技术参考《河南林
木良种(二)》(2013)'春晓'樱桃。

六十七、'春晖'樱桃

树　　种：樱桃

学　　名：*Prunus avium* 'Chunhui'

类　　别：优良品种

通过类别：审定

编　　号：豫 S-SV-PA-011-2017

证书编号：豫林审证字 516 号

申 请 者：中国农业科学院郑州果树研究所

【品种特性】　实生选育品种。果实肾形，平均单果重 9.0g，果皮紫红色，有光泽，果柄长度中，果肉和果汁颜色粉红。可溶性固形物 22.1%，果肉硬，味甜微酸，耐贮运。果实坐果率高，早果性和丰产性好，果形整齐端正，很少有畸形果，商品果率高。果实成熟时易与果柄分离，可以实现不带果柄采摘。果实成熟期为 5 月下旬。

【主要用途】　果实食用。

【适宜种植范围】　河南省樱桃适生区。

【栽培管理技术】　株行距采用 2~2.5m×4~4.5m，树形可采用纺锤形或直立中央领导干等。以短果枝和花束状果枝结果为主，具有较好的早果性和丰产性，较抗裂果。'春晖'为自花不实品种，栽培时应配置授粉树，花期中，授粉品种可用'春绣''美早''阿尔梅瑟''春露'等，授粉品种最好有 2 个以上，相互之间可互相授粉。幼树整形期间应注意及时拉枝开张角度，疏除背上枝，缓和树体生长势，减小竞争。每年秋冬季应注意对侧枝及时进行拉枝处理，修剪以缓放为主、少短截，促进花束状短果枝的形成。盛果期树应及时回缩细弱枝，更新复壮树势。新建果园在定植时要施足够的有机肥，以保证幼树一开始就有一个良好的生长基础，以后每年都要秋施一定量的有机肥，并注意在生长关键时期即萌芽前、开花后、果实膨大期及时补充氮肥和微量元素。果园灌水应和施肥适当结合，缺水的地区，主要是前期与追肥相吻合的三次水，即花前水、幼果发育水和果实膨大水。要加强肥水管理，保持强壮树势。盛果期树大量结果后注意及时回缩复壮，加大施肥量，防止因结果过多而变弱。具体技术参考《河南林木良种（二）》（2013）'春晓'樱桃。

【病虫害防治】　定植当年春季应注意预防金龟子的危害，幼树整形期间应注意预防梨小食心虫的危害，甜樱桃果实成熟期间应注意预防果蝇的危害和鸟害，根部病害应注意预防根癌病和根腐病的危害。河南南部地区种植，夏季高温高湿，应注意及时预防叶片细菌性穿孔病和褐斑病等早期落叶病的发生。

六十八、'豫皂 1 号'皂荚

树　　种：皂荚

学　　名：*Gleditsia sinensis* 'Yuzao No. 1'

类　　别：优良品种

通过类别：审定

编　　　号：豫 S-SV-GS-020-2016

证书编号：豫林审证字486号

申 请 者：河南省林业科学研究院

【品种特性】　选择育种。皂刺粗壮且刺上分刺，刺主要生长在主干和主枝上，呈簇状生长在一起，从树干基部向上呈螺旋状生长；单株刺产量大，3年生嫁接植株单株刺产量平均为1.3kg；皂荚刺褐变期较晚，9月上旬褐变明显，最后变为黄褐色；多年生枝上小叶6~7对、当年生枝上小叶3~4对，当年生枝上的小叶叶片长度为3.4~5.8cm、宽度2.1~3.3cm。

【主要用途】　皂荚刺为良好的中成药原料。

【适宜种植范围】　河南省皂荚适生区。

【栽培管理技术】　前3年按2.0m×1.5m的株行距进行定植，后期可进行移栽，株行距控制在2.0m×3.0m即可。3月中旬移栽后要浇好头三水。此后每月浇一次透水，7~8月可少浇水或者不浇水，大雨后应及时将积水排出。注重水肥管理，每年4月初、6月初、8月中旬进行施肥，秋末结合浇冻水施用一次经腐熟发酵的牛马粪。秋末浇足浇透封冻水。翌年早春3月浇好解冻水。加强修剪管理，特别是要注意定干高度和树冠的修剪。具体技术参考《河南林木良种（二）》（2013）'密刺'皂荚。

【病虫害防治】　发现蚜虫可及时喷洒20%灭多威乳油1500倍液或50%蚜松乳油1000~1500倍液或50%辛硫磷乳油2000倍液进行防治。

六十九、'豫皂2号'皂荚

树　　　种：皂荚

学　　　名：*Gleditsia sinensis* 'Yuzao No. 2'

类　　　别：优良品种

通过类别：审定

编　　　号：豫 S-SV-GS-021-2016

证书编号：豫林审证字487号

申 请 者：河南省林业科学研究院

【品种特性】　实生选育品种。皂刺长且下垂，刺主要生长在主干和主枝基部，呈簇状生长在一起，单株刺产量大、三年生嫁接植株单株刺产量平均为1.2kg，最高可达1.4kg；皂荚刺褐变期早，7月中旬前后开始变色，最后变为深褐色；小叶叶片大且肥厚，多年生枝上小叶5~7对、当年生枝上小叶3~6对、多为4对，当年生枝上的小叶叶片长度为3.8~7.3cm、宽度2.2~3.6cm。

【主要用途】　皂荚刺为良好的中成药原料。

【适宜种植范围】　河南省皂荚适生区。

【栽培管理技术】　同'豫皂 1 号'皂荚。具体技术参考《河南林木良种（二）》(2013)'密刺'皂荚。

【病虫害防治】　同'豫皂 1 号'皂荚。

七十、'豫皂 3 号'皂荚

树　　种：皂荚

学　　名：*Gleditsia sinensis* 'Yuzao No. 3'

类　　别：优良品种

通过类别：审定

编　　号：豫 S-SV-GS-010-2018

证书编号：豫林审证字 547 号

申 请 者：河南省林业科学研究院

　　　　　博爱县怀德皂刺有限公司

选 育 人：刘艳萍　杨伟敏　范定臣　祝亚军　曾辉　李耀学　刘志芳

【品种特性】　实生选育品种。植株健壮，主干明显且通直。荚果主要生长在枝条上，每簇荚果 1~3 个，劲直、较短而饱满，平均长度 18.60cm、宽度 3.09cm、厚度 14.85mm；荚果褐变期较晚，9 月中旬荚果为黄绿色，10 月上旬褐变为深褐色；种子短椭圆形且较大，出籽率 40.18%，种子千粒重为 524g；皂荚刺圆锥形、长且下垂，密集生长在主干和主枝基部。皂荚母树的单株荚果产量为 47.32kg，单株皂荚刺产量为 3.8kg。

【主要用途】　种实为食品、药品、洗涤、采矿、石油等行业的重要原料，皂荚刺为良好的中成药原料。

【适宜种植范围】　河南省皂荚适生区。

【栽培管理技术】　利用普通皂荚的种子，经处理后播种，期间要进行苗木密度的控制，以便培育出粗壮的砧木苗；4 月上中旬，以 2 年生皂荚实生苗为砧木，以选出的母株上的枝条为接穗，采用插皮接进行嫁接；嫁接后定期观察，并及时抹除砧木上的萌芽，做好除草、松土工作，干旱时应及时浇水，保证其嫁接成活率；苗木长大后，要进行主干的培养，并成行拉绳或用竹竿固定，保证其直立度；嫁接苗木定植后的前五年按 2.0m×1.5m 的株行距进行定植，后期可进行移栽，株行距控制在 2.0m×3.0m 即可；加强皂荚园肥水管理。具体技术参考《河南林木良种（二）》(2013)'密刺'皂荚。

【病虫害防治】　及时防治病虫害，重点防治蚜虫，发现蚜虫可及时喷洒

20%灭多威乳油 1500 倍液或 50%蚜松乳油 1000~1500 倍液或 50%辛硫磷乳油 2000 倍液进行防治。

七十一、'豫林 1 号'皂荚

树　　种：皂荚
学　　名：*Gleditsia sinensis* 'Yulin No. 1'
类　　别：优良品种
通过类别：审定
编　　号：豫 S-SV-GS-017-2017
证书编号：豫林审证字 522 号
申 请 者：河南省林业科学研究院
【品种特性】　选择育种。荚果带状、劲直、两面膨起，主要生长在小枝上，成簇成簇生长在一起，每簇 3~5 个，单个荚果重(鲜重)平均为 69.34g，最大单个荚果重(鲜重)81.50g。荚果褐变期晚，9 月底荚果仍为黄绿色，10 月下旬褐变明显，最后变为深褐色。
【主要用途】　荚果是中医药、食品、洗涤用品等的天然原料。
【适宜种植范围】　河南省皂荚适生区。
【栽培管理技术】　同'豫皂 1 号'皂荚。具体技术参考《河南林木良种(二)》(2013)'密刺'皂荚。
【病虫害防治】　同'豫皂 1 号'皂荚。

七十二、'宝香丹'花椒

树　　种：花椒
学　　名：*Zanthoxylum bungeanum* 'Baoxiangdan'
类　　别：优良品种
通过类别：审定
编　　号：豫 S-SV-ZB-013-2018
证书编号：豫林审证字 550 号
申 请 者：灵宝市宝香丹花椒种植有限公司
选 育 人：孟昭伟　计淑勤　崔维　张海让　张玉君　翟运力　范春晖
【品种特性】　实生选育品种。树体生长旺、树势强，成年树高 1.2~1.75m。冠幅宽大，成年树冠幅 3.8~5.3m×3.8~5.5m。树形开展，容易整形修剪形成开心形丰产树体。果穗硕大且果粒密集，果皮厚实，单朵果穗平均结果96~111粒，平均果穗鲜重10.3g，干重2.8g，干鲜比1:3.82；丰产性强，亩产可达260kg以上。果实成熟期为8月下旬。

【主要用途】　果实食药兼用，主要做食品调味料。

【适宜种植范围】　河南省花椒适生区。

【栽培管理技术】　宜选择土层深厚的背风、向阳缓坡或中等坡度宜林地，在土层深厚肥沃、有机质含量高的壤土、沙壤土、轻度黏重的土壤中更宜丰产。苗木一般宜选购苗龄在1~2年的一级苗，苗龄过大影响成活率，整形修剪工作量较大。为尽早高产可合理密植。栽植密度应根据地块的土壤、肥力、灌溉条件而定。一般按3.5m×3.5~4m定。有灌溉条件的地块按4~5m×4.5m定植。栽植分春栽和秋栽。春季风大易受寒潮危害的地方宜秋栽，背风向阳之地宜春栽。栽植穴规格一般为60~80cm见方，挖穴时表土、心土要分开。栽植时每穴施入农家肥5kg、尿素50g、过磷酸钙100g，与表土混合均匀后填入穴中。按"三埋两踩一提苗"的方法栽植，浇足水，及时截干。秋栽苗木可截干后覆土埋干防冻，第二年春季解冻后再扒去土堆。为丰产每年应在栽植前或采摘后施基肥1次。一般4~6年以上的花椒树，每株施农家肥10kg，25%复合肥0.2kg，并结合进行根外追肥，花期和果实膨大期宜追肥和灌溉1次。6月末7月初过度干旱时，宜浇透水一次。雨季注意排水，防止根系积水造成树势衰弱。4~7月及时拔除杂草并防止藤蔓上树遮挡光线降低花椒品质。锄地除草时深度宜在20cm以内，避免伤根。具体技术参考《河南林木良种》(2008)'大红袍'花椒。

七十三、'豫选1号'省沽油

树　　　种：省沽油

学　　　名：*Staphylea bumalda* 'Yuxuan No.1'

类　　　别：优良品种

通过类别：认定(有效期5年)

编　　　号：豫R-SV-SB-001-2016

证书编号：豫林审证字459号

培　育　者：河南省林业技术推广站

【品种特性】　实生选育品种。灌木或小乔木，高3~5m，树皮较暗，显暗紫、黑灰白色，枝条开展角度较大。羽状复叶对生，叶小，早落。圆锥花序顶生，花序较疏松，长约5~7cm，萼片黄白色；花瓣白色，较萼片为大，有香味。花期3月中旬至4上旬，属早花型，花期15天左右。果为膨大膜质蒴果，膀胱状，扁平，果期9~10月。栽植密度1.5m×2m，第2年可以开花，3年有经济产量，5年进入丰产期，平均单株产量可采花蕾和嫩叶2.8kg，亩产可达

400kg 以上。

【主要用途】　嫩叶和花蕾做山野菜。

【适宜种植范围】　豫西、豫南地区。

【栽培管理技术】

1. 圃地选择

宜选择平地、丘陵地或坡度 10°以下的山地，土壤质地为壤土或沙壤土，土层深厚、肥沃、排水良好，土壤 pH 值 6.5~8.0，地下水位 1.0m 以下的地块作为苗圃地。

2. 播种育苗

(1)种子采集　省沽油蒴果膀胱状，2 裂，种子黄色，光亮，有腊质层。一般 9 月上中旬成熟，果微黄时采摘。选择无病虫害、树形好、生长健壮的成龄植株作为采种母树，摘后置于阴凉处晾干，待果荚 80% 左右开裂时用手揉搓，风选种子。

● 脱腊处理。省沽油种子外被一层蜡质，不脱蜡种子发芽率极低，脱蜡时间也对种子发芽率影响极大。试验表明，脱蜡后再贮藏的种子发芽快而整齐，发芽率达 90% 以上，比贮藏后脱蜡的发芽率提高 50%。方法是将晾晒干的种子置于 0.5% NaOH 溶液中快速搅拌，10 分钟后将种子捞出，迅速用清水冲洗干净。

● 种子贮藏。刚收获的种子要在通风处摊开晾晒数日(忌曝晒)，并经常翻动。脱蜡后晾干的种子选择通风向阳的地方挖坑贮藏，坑底先铺 30cm 厚的干净细河沙，然后一层种子、一层细沙(沙厚 3cm)分层铺放，总厚度不超过 60cm 为宜，顶部盖厚 30cm 以上的细沙。贮藏坑内细沙湿度保持在 35%~45%，温度保持在 10~15℃，并经常检查，以防过湿降低种子发芽率。

● 温床催芽。3 月上旬在室外选背风向阳排水便利的地方做温床催芽。温床宽 1m，长度随地势而定。床底铺 10cm 的湿沙，上面撒 1 层种子，再盖 2cm 厚的湿沙，沙的湿度为 65% 左右。撒种后搭成高 50~60cm 的塑料拱棚，并经常撒水保持床面湿润，棚内温度保持在 15℃ 以上。

● 阳畦育苗。当经温床催芽的种子有 40% 露白时，选择光照好的沙壤土地做育苗地，做宽 1m、高 20cm 的苗床，并用 1000 倍的新洁尔灭液进行苗床消毒，然后将种子混 1 倍以上的湿沙，均匀地撒在床面上(约 2000 粒/m² 种子)，再均匀覆盖 2~3cm 厚细沙，洒水，搭小塑料拱棚。棚高 70~80cm，棚内相对湿度保持 80% 左右，温度 15℃ 以上。当温度超过 35℃ 时，立即喷水、通风散热，以免灼伤幼芽。

● 小苗移栽。4 月中旬，待小苗长出 4~6 片真叶时去掉拱棚，炼苗 3~5 天后进行移栽。移栽株行距 15~25cm，必需做到随起苗、随栽植、随浇水。

● 幼苗遮荫。省沽油育苗的关键技术是把好遮荫关。方法是在床畦间高密度种玉米或育杨树等苗木。试验表明，采用 60% 遮光育苗，优质壮苗率达 95.6%，苗高达 90cm、地径达 0.8cm 以上，效果良好。

3. 硬枝扦插育苗

(1)插床准备　用蛭石∶草炭(1∶3)配制扦插基质，用多菌灵液对基质进行消毒，待消毒液浸透基质后，装直径 8～10cm 营养钵，上床，用自来水浇透基质。

(2)插穗准备　3 月中旬树液流动之前，采集未萌动的一年生枝条，从枝条下部剪取带 2 对饱满腋芽，长 6～10cm 的插穗，插穗上端剪平，距保留腋芽 1cm 左右，下切口斜切为马蹄形。

(3)扦插方法　插条采回后置于 70%～80% 湿沙中保存，或随采随插。扦插前用 100mg/L 的 NAA 处理 30 分钟，扦插深度为插穗长度 2/5，直插入基质后及时浇透水，并用塑料薄膜覆盖于小拱棚保温保湿。

(4)插后管理　扦插初期应多喷水，当插穗开始生根时适当减少喷水，扦插后每隔 10～15 天喷洒 1 次多菌灵消毒液，及时清除腐烂插穗，幼根形成后喷施 1～2 次营养液。

4. 嫩枝扦插育苗

(1)插床准备　用蛭石∶珍珠岩(1∶1)配制扦插基质，其他同硬质扦插。

(2)插穗准备　7 月上中旬选取带叶的当年生幼嫩枝条，剪成 8～10cm 长的插穗，插穗下切口单面斜切成马蹄形，保留 4～6 片具有 1/3～1/2 叶面积的叶片。

(3)扦插方法　随采随插，扦插前用 0.5% $KMnO_4$ 溶液消毒，并用 100mg/L 的 NAA 处理 2 分钟。扦插深度为插穗长度 2/5，直插入基质后及时浇透水，并用遮荫棚遮荫。

(4)插后管理　初期应充分保持基质湿润，每隔 2～3 小时喷雾 1 次；插穗开始生根时适当减少喷水次数，适当延长喷水时间，促进生根。其他管理措施同硬枝扦插。

5. 苗期管理

(1)间苗定苗　每亩定苗 20000～25000 株。

(2)水肥管理　根据墒情适时灌溉，及时松土除草。当苗高 30cm 左右时，每亩沟施尿素 20～25kg，过磷酸钙 40～45kg，硫酸钾 10～15kg，施后及时浇水。进入 9 月停施氮肥，每隔 15 天喷 1 次 0.3% 的磷酸二氢钾，连喷 2～3 次。

6. 苗木出圃

落叶后至发芽前即可起苗出圃。起苗前视墒情浇透水。起苗时保证根系完整。

（1）苗木分级　一级苗：地径≥0.6cm，苗高≥70cm。苗木完全木质化、苗干通直、根系完整、无机械损伤和病虫害。二级苗：0.7cm＞地径≥0.5cm，70cm＞苗高≥50cm。苗木完全木质化、苗干基本通直、根系完整、无机械损伤和病虫害。

（2）包装和运输　每100株1捆，挂上标签。当地造林，随起随运随载；运输期间用保湿材料包装根部，盖好篷布，严防风吹日晒。

7. 栽培技术

（1）造林地选择　野生省沽油多生长在沟溪边、阴湿坡凹坎边、湿润的疏林地，土壤多为富含腐殖质的壤土区。宜选择平地、丘陵地或坡度25°以下的山地、平地，林分郁闭度0.5以下，土壤质地为壤土或沙壤土，土层深厚、肥沃、排水良好，土壤pH值6.5~8.0，地下水位1.0m以下。

（2）整地　按1.0m×0.8m抽槽整地。栽植前一年秋季，结合主栽树种秋季施肥进行整地。结合整地每公顷施3万~4.5万kg腐熟有机肥作为基肥，深翻土壤，充分熟化。

丘陵地或山地，采用梯田、水平阶、鱼鳞坑或穴状整地等方式，栽植行沿等高线延长。

开挖栽植穴，穴长宽深各50cm。

（3）栽植　秋季或早春植苗造林，以秋季带叶栽植效果好，即在苗木停止生长时带叶造林，落叶后定干20cm。当天起苗当天栽植。将苗木植穴中，填土一半左右时，轻提苗木，使根系舒展，继续填土后踏实，使根系与土壤密接；栽植深度以土壤踏实后苗木根茎与地面持平为宜；栽植后及时浇透定植水。

（4）造林密度　根据省沽油的生长特性，为达到早期丰产的目的，造林密度可选择1.0m×1.0m~2.0m×2.0m。

（5）幼林的抚育管理

●中耕除草与施肥。在生长季节要适时进行中耕除草，每年3~4次，将杂草深埋在树旁起埋青施肥作用；同时结合除草每株追施复合肥100~150g，促进幼树生长。

●水分管理。结合土壤墒情，全年灌水4~5次。多雨季节应及时进行排水防涝。

●整形修剪。采收后剪去枝条上部10~15cm，促使卜部重新萌芽再次采收。待进行3~4次后，从枝条基部以上3~5cm处修剪，促使基部萌发新的枝条，保留2~3个枝条作为翌年产量枝。以留小桩干茬为主，控制形成大冠幅，结合高密度栽植提高幼林产量。

●分株移植。省沽油栽植后第4年早春应进行分株移植，可隔株挖根或全部挖出后分株栽植，并进行抚育复壮。

8. 适时采收

省沽油一般 3 月中旬至 4 月上旬现蕾，4 月上旬至 5 月初开花，全株枝条大多敷嫩芽均可生花，全株花期比较一致。花序采摘一般清明前后可采摘 3 次，采摘期为现蕾至开花期，待芽萌发 3~7cm，花蕾也已形成时可立即将花及嫩叶进行采收。采收后剪切枝条上部 10~15cm，促使下部重新萌芽再次采收，待进行 3~4 次后，从枝条基部以上 3~5cm 处修剪，促使基部萌发新的枝条，保留 2~3 个枝条作为翌年产量枝。适时采摘的珍珠花加工过程中不会造成花蕾脱落，所加工的珍珠花菜味道鲜美、营养成分高。

采收要注意 3 个问题：一是采摘时间要适宜、一致，不采正在开花或花已开过的花序，所采花序要大小一致，以使加工后的珍珠花菜整齐一致，嫩柔清香，无纤维感和粗糙感；二是采摘时不要造成枝条机械损伤，不采摘未现蕾嫩芽，保证第 2 批采摘枝条损伤小；三是不要采摘一年生枝条上的花序，应将它留作第 2 年春季备用枝条。

【病虫害防治】　应以预防为主、综合防治为原则。主要采用农业防治、物理防治和生物防治方法，科学使用化学防治方法，严格控制有害生物。农药使用要求控制施药量与安全间隔期，并注意轮换用药，合理混用。

(1)猝倒病　幼苗多从茎基部染病，病部不变色或呈黄褐色，病势发展迅速，子叶仍为绿色、即从茎基部倒伏贴于床面。

防治方法：出苗期间，用 80% 代森锰锌可湿性粉剂 1000 倍液，每隔 10 天喷 1 次，连喷 3 次。

(2)立枯病　主要危害幼苗茎基部或地下根部，发病苗早期白天萎焉，夜间恢复，病部逐渐凹陷、溢缩，向上向下发展，最后干枯死亡，但不倒伏。

防治方法：幼苗长出 2~4 片真叶时，用 80% 代森锰锌可湿性粉剂 1000 倍液，每隔 10 天喷 1 次，连喷 3 次。

(3)蚜虫　成虫、若蚜吸食叶片、茎杆、嫩稍汁液，使叶片嫩稍皱缩干枯。

防治方法：用 10% 吡虫啉可湿性粉剂 1500~2000 倍液防治。

(4)黄刺蛾　幼虫取食叶片，影响树势生长。

防治方法：利用成虫趋光性，用黑光灯诱杀。保护利用小茧蜂、上海青蜂等刺蛾天敌昆虫。危害严重时，喷洒 10% 氯氰菊酯乳剂 5000 倍液毒杀幼虫。

七十四、'豫选 2 号'省沽油

树　　种：省沽油

学　　名：*Staphylea bumalda* 'Yuxuan No. 2'

类　　别：优良品种

通过类别：认定（有效期 5 年）

编　　号：豫 R-SV-SB-002-2016

证书编号：豫林审证字 460 号

培　育　者：河南省林业技术推广站

【品种特性】　实生选育品种。灌木或小乔木，高 3～5m，树皮暗红、浅红色，枝条开展角度较小。羽状复叶对生，有 3 小叶组成，叶顶端渐尖。圆锥花序顶生，花序疏松，长约 5～7cm，萼片黄白色，花瓣浅红色，萼片为大，有香味。花期 3 月中下旬至 4 上旬，花期 16 天左右。果为膨大膜质蒴果、膀胱状、扁平，果期 9 月至 10 月。栽植密度 1.5m×2m，第 2 年可以开花，3 年有经济产量，5 年进入丰产期，平均单株产量可采花蕾和嫩叶 2.5kg，亩产可达 375kg以上。

【主要用途】　嫩叶和花蕾可做山野菜食用。

【适宜种植范围】　豫西、豫南地区。

【栽培管理技术】　以 1.0m×0.8m 抽槽整地。栽植季节以秋季带叶栽培效果好，即在苗木停止生长时带叶造林，落叶后定干 20cm。造林密度可选择 2.0m×2.0m～1.0m×1.0m。每年的 5 月至 7 月中下旬分别进行 3 次中耕除草，将杂草深埋在树旁起埋青施肥作用；同时结合除草每株追施复合肥 100～150g，促进幼树生长。采收后剪切枝条上部 10～15cm，促使下部重新萌芽再次采收。待进行 3～4 次后，从枝条基部以上 3～5cm 处修剪，促使基部萌发新的枝条，保留 2～3 个枝条作为翌年产量枝。花序采摘一般清明前后可采摘 3 次，采摘期为现蕾至开花期，待芽萌发 3～7cm，花蕾形成时即可立即将花及嫩叶进行采收。具体技术参考'豫选 1 号'省沽油。

七十五、'豫选 3 号'省沽油

树　　　种：省沽油

学　　　名：*Staphylea bumalda* 'Yuxuan No.1'

类　　　别：优良品种

通过类别：认定（有效期 5 年）

编　　号：豫 R-SV-SB-003-2016

证书编号：豫林审证字 461 号

培　育　者：河南省林业技术推广站

【品种特性】　实生选育品种。灌木或小乔木，高 3～5m，树皮或枝条暗红、浅红色，枝条开展角度小，萌发枝显直立状。复叶对生，托叶小，早落。圆锥花序顶生，花序疏松，长约 5～7cm，萼片深红色，花瓣紫红色，萼片为大，有香味。花期 3 月下旬至 4 上中旬,花期 16 天左右。果为膨大膜质蒴果、膀胱状、膜质紫红,扁平,果期 9 ~ 10 月。栽植密度 1.5m × 2m,第 2 年可以开花,3 年有经济产量,5 年进入丰产期,平均单株产量可采花蕾和嫩叶 2.1kg,亩产可达 320kg 以上。适宜在河南省豫西、豫南地区推广应用。

【主要用途】　嫩叶和花蕾可做山野菜食用。

【适宜种植范围】　豫西、豫南地区。

【栽培管理技术】　同'豫选 2 号'省沽油。具有技术参考'豫选 1 号'省沽油。

七十六、'新郑红 3 号'枣

树　　　种:枣

学　　　名:*Ziziphus jujuba* 'Xinzhenghong No. 3'

类　　　别:优良品种

通过类别:审定

编　　　号:豫 S-SV-ZJ-022-2016

证书编号:豫林审证字 488 号

申　请　者:新郑市红枣科学研究院

【品种特性】　变异品种。植株生长健壮,5 年生树冠幅 2.3m,干径 7.3cm,中心干明显,骨干枝直立,萌芽力一般,成枝力较强。果实个大,近圆柱形,单果重 15.3g,比普通灰枣重 5.2g,商品性好,汁液多,果肉酥脆,鲜食制干均优。抗逆性强,丰产、稳产性能好,大小年现象不明显。果实 9 月中旬成熟。

【主要用途】　果实鲜食或做干枣。

【适宜种植范围】　河南省枣适生区。

【栽培管理技术】　枣粮间作、矮化密植均可。根据土肥条件和管理水平,间作型枣园采取 4 ~ 6m × 8 ~ 12m 的株行距,矮化密植可选用 2m × 3m、1.5m × 4m 或 3m × 4m 的株行距。幼树结果期要按照"因树整形,因枝修剪,冬夏结合,夏剪为主"的原则,科学运用"撑、拉、剪、扎、抹、摘、曲、扭"等手段,促其早成形、早结果。盛果期要注意肥水管理和病虫防治,改善树体营养水平,通过修剪,调节营养分配,夏季注意及时抹芽、摘心,减少养分消耗,冬剪多采取轻剪长放,以缓和树势,保证丰产、稳产。具体技术参考《河南林木良种》(2008)'新郑灰'枣。

七十七、'新郑红 9 号'枣

树　　　种：枣

学　　　名：_Ziziphus jujuba_ 'Xinzhenghong No. 9'

类　　　别：优良品种

通过类别：审定

编　　　号：豫 S-SV-ZJ-014-2018

证书编号：豫林审证字 551 号

申 请 者：新郑市红枣科学研究院

选育人：李海涛　闫超　张水林　苏彩霞　蒋新建　李永生　刘照华

【品种特性】　选育品种。枣树树姿开张，树势较强，针刺不发达；叶片披针形，黄绿色；枣吊平均长 27.8cm，平均叶长 7.0cm，平均叶宽 3.2cm。4 月中旬萌芽、5 月下旬始花期、6 月上旬盛花期、8 月初脆熟期、8 月中旬成熟期，10 月下旬落叶，果实生长期 85 天左右。果形为卵圆形，成熟果皮为红色，果肉浅绿色，果核纺锤形，可食率 97.8%；平均单果重 5.83g，最大单果重 14.65g；可溶性固形物含量 25.8%，可溶性总糖含量 21.43%，酸含量 0.35%，Vc 含量为 212mg/100g；果皮薄，果肉酥脆，汁液多，甜度高，鲜食性好。抗病性强，亩产约 1000kg。

【主要用途】　果实鲜食。

【适宜种植范围】　河南省枣适生区。

【栽培管理技术】　栽植时间在土壤化冻后及苗木萌芽前为好，一般在 3 月底 4 月初。苗木可以采用嫁接苗或归圃第二年嫁接苗，应选择生长健壮、无病虫害的一级壮苗。栽植密度以株行距 2m×3m 为宜。树高应控制在 2~2.5m，冠径 2.5~3m。修剪以充分利用树体空间，通风透光为原则，以夏剪为主、冬剪为辅，及时做好抹芽摘心，合理疏花、疏果，同时剪去病枝和弱枝。施肥以有机肥为主，化肥为辅。灌水应把握萌芽期、开花期、幼果期以及落叶前的灌冻水。具体技术参考《河南林木良种》(2008)'新郑灰'枣。

【病虫害防治】　抗缩果病、炭疽病，易染焦叶病，主要虫害为绿盲蝽、枣瘿蚊和桃小食心虫，防治主要应用菊酯类、新烟碱类农药。

七十八、'红艳无核'葡萄

树　　　种：葡萄

学　　　名：_Vitis vinifera_ 'Hongyanwuhe'

类　　别：优良品种

通过类别：审定

编　　号：豫 S-SV-VV-033-2016

证书编号：豫林审证字 499 号

申 请 者：中国农业科学院郑州果树研究所

【品种特性】　杂交品种。植株生长势中等偏强。果穗圆锥形，穗梗中等长，带副穗，穗长 29.8cm，穗宽 17.8cm，平均穗重 1200.0g。果粒成熟一致。果粒着生中等紧密，椭圆形，深红色，纵径 2.1cm，横径 1.7cm，平均粒重 4.0g，最大粒重 6.0g。果粒与果柄难分离。果粉中。果皮无涩味。果肉中到脆，汁少，有清香味，无核，不裂果。可溶性固形物含量 20.4% 以上。果实 8 月上旬成熟，属于中早熟品种。

【主要用途】　果实鲜食。

【适宜种植范围】　河南省中西部干旱丘陵地区露地种植，东南部平原地区避雨种植。

【栽培管理技术】　双十字架，单干水平树形栽培，适宜 1.5m×2.5~3.0m 的株行距；小棚架，独龙干树形栽培，以 1.0m×3.5~4.0m 的株行距为宜。冬季修剪一般在元月到翌年伤流前 20 天左右进行，宜中短梢修剪。夏季修剪将过多不必要的新梢尽早抹除；当新梢长至 40cm 后，应及时绑梢，摘除卷须，果穗以下的副梢从基部除去，果穗以上的副梢留单叶摘心。每个结果枝保留 1 个发育良好的花序，花前进行花序休整，保持穗形美观。

基肥宜在 9 月底至 10 月初进行。追肥一般分为四次，分别在萌芽期和幼果膨大期追施氮磷钾等量三元复合肥，保持树体生长和促进果实发育，果实转色期追施钾肥和微肥，促进果实转色和增糖，采收后追施少量氮肥和钾肥，恢复树体。施肥后应配合灌水。另外，在花前、幼果期和浆果成熟期可喷 0.5% 的硫酸钾溶液或中微量元素溶液；入冬后应至少进行 3 次灌水，第一次在落叶后，第二次在土壤上冻前，第三次在土壤解冻后。具体技术参考《河南林木良种》(2018)‘郑州早玉’葡萄。

七十九、‘摩尔多瓦’葡萄

树　　种：葡萄

学　　名：*Vitis vinifera* ‘Moldova’

类　　别：引种驯化品种

通过类别：审定

编　　号：豫 S-ETS-VV-034-2016

证书编号：豫林审证字 500 号

申　请　者：河南农业大学

【品种特性】 引进品种。生长势旺盛。果穗圆锥形，中等大，平均穗长 23.4cm，平均穗宽 16.3cm，平均穗重 780g。果粒着生中等紧密，果粒大，椭圆形，平均粒重 7.15g，最大粒重 13.5g，纵径 2.85cm，横径 2.15cm。果皮蓝黑色，着色整齐一致，果粉厚。果肉柔软多汁，果实先转色后增甜，可溶性固形物含量 16.34%，最高可达 20%。果肉与种子易分离，每果粒含种子 1~3 粒。果实 8 月下旬成熟，属于中晚熟品种。

【主要用途】 果实鲜食。

【适宜种植范围】 河南省葡萄适生区。

【栽培管理技术】 采用'单十字'飞鸟架架形。宽行密株，株行距 1m×3m，每亩地栽植 222 株。冬季修剪主要以长梢修剪为主，根据目标产量决定留梢量，一般每亩定梢 3000~3500 条。剪截时，在剪口芽以上留 2~3cm 的保护桩，根据结果部位、枝条成熟度，灵活掌握单枝更新法、双枝更新法对树体进行短截、回缩。夏季修剪抹芽至少分两次进行，一次在刚刚萌芽后，选留中庸芽，抹去弱芽、双芽、三生芽。第二次于新梢长至 15cm 左右，能分清花序质量时结合疏花序进行。

定植当年于 4~7 月每月各施 1 次氮磷钾复合肥。结果树萌芽前浇第一遍水，新梢生长期，视土壤干旱情况浇第二遍水，果实膨大期追肥后浇第三遍水，果实转色期，施肥并浇水。至 9 月下旬施基肥并浇水，11 月浇越冬水。具体技术参考《河南林木良种》(2018)'郑州早玉'葡萄。

八十、'燎峰'葡萄

树　　　种：葡萄

学　　　名：_Vitis vinifera_ 'Liaofeng'

类　　　别：引种驯化品种

通过类别：审定

编　　　号：豫 S-ETS-VV-035-2016

证书编号：豫林审证字 501 号

申　请　者：洛阳农林科学院

【品种特性】 引进品种。果穗圆锥形，穗重 600~1000g，果粒圆形，果粒特大，2 年生树果粒重 12g，4 年生树果粒重 15~18g。果皮黑紫色，不太易离皮，果肉硬，剥皮时不滴水，含糖量 18%~23%。果实 7 月下旬成熟。

【主要用途】 果实鲜食。

【适宜种植范围】　河南省葡萄适生区。

【栽培管理技术】　避雨栽培主要采用"双十字"架形。秋季 11 月中旬至 12 月中旬栽植，如果栽植成熟度不好或较细弱的嫁接苗冬季封土防寒。或春季栽植，时间在 3 月上中旬。株行距 1.0~1.5m×2.5m 株。苗木定植后，生长高度达 100cm 时，于 80cm 处摘心，发出副梢后顶端两个新梢培养为结果主蔓，主蔓长到株距一半以上时，摘心，摘心后主蔓上发出的副梢枝间距 17~20cm，留 4~5 片叶摘心，其上再发副梢 4 叶摘心。第一年冬季修剪：主蔓上发出的副梢全部从基部剪去，不足 0.7cm 的蔓剪去。在开花前修整花序，每果枝只留一个花序，每个花序除去基部 3~4 个副穗。具体技术参考《河南林木良种》(2018)'郑州早玉'葡萄。

【病虫害防治】　生长前期重点防治绿盲蝽，后期防治霜霉病。

八十一、'红巴拉多'葡萄

树　　　种：葡萄

学　　　名：*Vitis vinifera* 'Red Balado'

类　　　别：引种驯化品种

通过类别：审定

编　　　号：豫 S-ETS-VV-036-2016

证书编号：豫林审证字 502 号

申 请 者：洛阳农林科学院

【品种特性】　日本引进品种。果穗大呈圆锥形，平均穗重 750~1000g 左右，最大 2000g。果粒椭圆形，平均单粒重 9~12g，果粒大小均匀，着生中等紧密，果皮鲜红色到紫红色，皮薄肉脆，可以连皮食用。含糖量高，最高可达 23%，有枣香气，抗病性好。果实 6 月中旬成熟。

【主要用途】　果实鲜食。

【适宜种植范围】　河南省葡萄适生区。

【栽培管理技术】　避雨栽培主要采用"双十字"架。秋季 11 月中旬至 12 月中旬栽植，如果栽植成熟度不好或较细弱的嫁接苗冬季封土防寒。或春季栽植，时间在 3 月上中旬。株行距 0.7~1.0m×2.5m。定植当年，当苗高 40cm 时每株追尿素 25g，间隔 15~20 天再追一次。第二次追尿素后 20 天每株追三元复合肥 100g，追肥位置距苗木 35cm 左右，间隔 20~25 天再追第 2 或 3 次复合肥。每次追肥结合浇水，后期根据天气情况酌情浇水。花前一周结合疏花序整形，剪去副穗，疏除小穗、病穗，疏果精粒在落果结束后进行。坐果后疏除病粒、畸形粒、小粒和过密粒，确保穗粒整齐一致。具体技术参考《河南林木良种》

（2018）'郑州早玉'葡萄。

【病虫害防治】 萌芽前7~10天，使用铲除剂以机油石硫合剂400倍进行全株喷布，防治各种病害及虫害。

八十二、'竹峰'葡萄

树　　种：葡萄
学　　名：*Vitis vinifera* 'Zhufeng'
类　　别：优良品种
通过类别：审定
编　　号：豫 S-SV-VV-013-2017
证书编号：豫林审证字518号
申 请 者：洛阳农林科学院

【品种特性】 变异品种。果穗圆锥形，果粒着生较紧密，平均穗重850g，平均单粒重6~8g，果粒圆形，平均纵径2.5cm，横径2.5cm，甜酸，有香味，肉较硬，可溶性固形物17.5%~20%，果粉较厚。果子挂树时间长，不易落粒。果实成熟期为8月中旬。

【主要用途】 果实食用。

【适宜种植范围】 河南省葡萄适生区。

【栽培管理技术】 定植密度以株行距1.0m×2.5m为宜，亩栽培267株。见花修整花序，去除2~3个副穗，掐去花尖1/5，在膨大处理前要疏果，每穗留果50~65粒为宜。每株定穗8~10穗，产量控制在1500~2000kg/亩。具体技术参考《河南林木良种》（2018）'郑州早玉'葡萄。

【病虫害防治】 注意早期绿盲蝽的防治，强调花前和花后，套袋前是各种病害的防治关键期。后期要及早防治霜霉病，于6月中旬先打一次80%烯酰吗啉1500~2000倍加80%全络合态代森锰锌800倍液，间隔10天喷一遍奎啉铜1500倍液。以后根据情况用药，以保护性杀菌剂为主。采果后喷等量或倍量式波尔多液保护叶片。

八十三、'金艳无核'葡萄

树　　种：葡萄
学　　名：*Vitis vinifera* 'Jinyan Wuhe'
类　　别：优良品种
通过类别：审定

编　　号：豫 S-SV-VV-039-2018

证书编号：豫林审证字 576 号

申　请　者：中国农业科学院郑州果树研究所

选　育　人：刘崇怀　樊秀彩　张颖　姜建福　李民　孙海生

【品种特性】　杂交品种，母本'红地球'，父本'森田尼无核'。果穗圆锥形带副穗，穗长 19.8cm，穗宽 10.8cm，平均穗重 500g 左右。果粒成熟一致。果粒着生中等紧密。果粒短鸡心形，黄绿色，纵径 1.8cm，横径 1.7cm，平均粒重 3.0g，最大粒重 6.0g。果粒与果柄难分离。果粉中。果皮无涩味。果肉硬度中等，汁少，有清香味。无种子。可溶性固形物含量约 18%。但叶片抗病性中等偏弱，雨水多时果实偶有裂果现象。

【主要用途】　果实食用。

【适宜种植范围】　河南省中西部干旱丘陵地区露地种植，东南部平原地区需避雨栽培。

【栽培管理技术】　适宜"双十字"架和小棚架栽培。"双十字"架，单干水平树形栽培，适宜 1.5m×2.5～3.0m 的株行距；棚架龙干树形栽培以 1.0m×3.5～4.0m 的株行距为宜。一般在元月到翌年伤流前 20 天左右进行。宜中短梢修剪。将过多不必要的新梢尽早抹除；当新梢长至 40cm 后，应及时绑梢，摘除卷须，果穗以下的副梢从基部除去，果穗以上的副梢留单叶摘心。因坐果率偏高，结果枝可在开花后摘心。1 个结果枝以留 1 个发育良好的花序为宜，花前应进行花序修整，花后进行疏果处理，保持穗形美观。

基肥宜在 9 月底至 10 月初进行。追肥一般分为 4 次，分别在萌芽期和幼果膨大期追施氮磷钾等量三元复合肥，保持树体生长和促进果实发育，果实转色期追施钾肥和微肥，促进果实转色和增糖，采收后追施少量氮肥和钾肥，恢复树体。施肥后应配合灌水。另外，在花前、幼果期和浆果成熟期可喷 0.5% 的硫酸钾溶液或中微量元素溶液。入冬后应至少进行三次灌水，第一次在落叶后，第二次在土壤上冻前，第三次在土壤解冻后。具体技术参考《河南林木良种》(2018)'郑州早玉'葡萄。

八十四、'中葡萄 10 号'葡萄

树　　种：葡萄

学　　名：*Vitis vinifera* 'Zhongputao No. 10'

类　　别：优良品种

通过类别：审定

编　　号：豫 S-SV-VV-040-2018

证书编号：豫林审证字 577 号

申 请 者：中国农业科学院郑州果树研究所

选 育 人：刘三军 章鹏 宋银花 贺亮亮 彭帅帅 翟运力 李灿

【品种特性】 杂交品种，母本'维多利亚'，父本'玫瑰香'。果穗圆锥形，果穗中等大，穗长 12~17cm，宽 8~11cm，平均单穗重 390g，果粒着生中等紧密，果穗大小整齐。果粒椭圆形，黄绿色，果粒较大，纵径 3.0cm，横径 2.4cm，平均单粒重 7.4g，最大粒重 9.4g，果皮较薄，果肉较硬而脆，味甜，爽口，果粉较薄，可溶性固形物含量 16.2%，可溶性总糖 12.0%，总酸 0.43%，糖酸比达到 28∶1，单宁含量为 443mg/kg，维生素 C 含量为 5.41mg/100g，氨基酸含量 5.09g/kg。果实成熟为 7 月中旬。

【主要用途】 果实食用。

【适宜种植范围】 河南省平原、浅山丘陵地区。

【栽培管理技术】 扦插繁殖。春季将贮藏的枝条从沟中取出后，先在室内用清水浸泡 6~8 小时，然后进行剪截。一般把枝条分别剪成有 2~3 芽的插条。插条一般长 20cm 左右，节间长的品种每个插条上只留 1~2 个芽。剪插条时上端在芽上部 1cm 处平剪，下端在芽的下面斜剪，剪口呈"马耳状"（剪口距芽眼近时易生根）。插条上部的芽眼要充实饱满，扦插后如第一芽眼受损害，第二芽眼即可萌发，这样有利于提高扦插成活率。扦插时间以当地的土温（15~20cm 处）稳定在 10℃ 以上时开始。葡萄扦插后到产生新根前这一阶段一定要防止土壤干旱，一般 10 天左右浇 1 次水。黏重土壤浇水次数要少，如果浇水过多，土壤过湿，地温降低，土壤通气不良也影响插条生根。插条生根后要加强肥水管理，7 月上中旬苗木进入迅速生长阶段，这时应追施速效肥料 2~3 次。为了使枝条充分成熟，7 月下旬至 8 月应停止或减少灌水施肥，同时加强病虫害防治，进行主梢、副梢摘心，以保证苗木生长健壮，促进加粗生长。苗木生长期间要及时中耕锄草，改良土壤通气条件，促进根系生长。具体技术参考《河南林木良种》（2018）'郑州早玉'葡萄。

八十五、'中葡萄 12 号'葡萄

树 种：葡萄

学 名：*Vitis vinifera* 'Zhongputao No. 12'

类 别：优良品种

通过类别：审定

编 号：豫 S-SV-VV-041-2018

证书编号：豫林审证字 578 号

申　请　者：中国农业科学院郑州果树研究所

选育人：刘三军　贺亮亮　章鹏　宋银花　彭帅帅　王凤寅　张丽杰

【品种特性】　杂交品种，母本'巨峰'，父本'京亚'。果穗圆锥形，果穗中等大，穗长15～20cm，宽10～13cm，平均单穗重530g，最大可达1500g，果粒着生中等紧密，果穗大小整齐。果粒椭圆形，紫黑色。果粒大，纵径2.7cm，横径2.8cm，平均单粒重8.7g，最大单粒重17.0g，果皮较厚有韧性，且有涩味，果粉厚，果肉软，果汁绿黄色，汁液多，味道酸甜，有草莓香味，可溶性固形物含量18.0%，可溶性总糖14.5%，总酸0.52%，糖酸比达到28:1，单宁含量为1180mg/kg，Vc含量为4.42mg/100g，氨基酸含量5.54g/kg。果实成熟为7月中旬。

【主要用途】　果实食用。

【适宜种植范围】　河南省葡萄适生区。

【栽培管理技术】　建园应选择在地势高、平坦，通风透光良好的地块。地势低洼、通风不良的地方，易出现病害，不宜建园。建园时，栽培苗木要深挖定植沟(穴)，沟(穴)深宽为60～80cm，每亩一次施入腐熟有机肥5.0～8.0m³。精细管理，第二年即可获得丰产。具体技术参考《河南林木良种》(2018)'郑州早玉'葡萄。

八十六、'豫油茶1号'油茶

树　　　种：油茶

学　　　名：*Camellia oleifera* 'Yuyoucha No. 1'

类　　　别：优良品种

通过类别：审定

编　　　号：豫S-SV-CO-011-2018

证书编号：豫林审证字548号

申　请　者：河南省林业科学研究院

选育人：李良厚　尚忠海　王晶　范定臣　黄义林　何贵友　岳凤莲

【品种特性】　选育品种。油茶树姿开张。叶片卵形，浅绿色。果实单生，球形，成熟时黄绿色；鲜果平均单果重16.96g，果高3.0cm，果径3.1cm，单株鲜果产量5.86kg，鲜果出籽率40.46%，鲜果含油率为5.96%；茶油中油酸含量85.6%，亚油酸4.0%，亚麻酸0.3%。对低温、干旱及油茶炭疽病等均有较强的抗性。信阳地区果实成熟期为10月中旬。

【主要用途】　种子可加工食用茶油。

【适宜种植范围】　河南省大别山低山丘陵区。

【栽培管理技术】　选择土层深厚、疏松肥沃的山地红壤、黄红壤或砂壤土，ph 值 5~5.6；海拔 500m 以下、阳光充足的阳坡和半阳坡，以坡度在 25°以下的中下坡为宜。在造林前一年的夏、秋季，整地后按株行距 3m×4m、穴规格 40cm×40cm×50cm 挖好栽植穴。以'豫油茶 1 号'油茶作为主栽品种，'豫油茶 2 号''长林 4 号''长林 27 号'为配栽品种，按照 5:3:1:1 进行配置造林，2年生良种嫁接苗，2 月中旬至 3 月上旬植苗造林。栽植穴内埋施基肥。栽植后连续抚育 3 年，每年抚育 2 次，主要是除草、松土。幼树距地面 0.5~0.8m 处短截主干，待其萌发新枝，从中选留不同方位、上下间距 10~15cm 的健壮枝条4~5 个作为骨干枝。幼林以轻度修剪为主，控制徒长枝，促进主侧枝生长，培育形成自然圆头形或开心形树冠。成林修剪，剪密留稀，去弱留强，大年轻剪，小年重剪，使林内通风透光。定植当年可以不施肥，幼树期以氮肥为主，配合磷、钾肥，主要采用条状沟施、环状沟施和叶面喷施 3 种。施用化肥要离树远一些，幼树离树蔸 15~20cm，大树离树蔸 50~60cm，施肥数量一次不宜过多。具体技术参考《河南林木良种（二）》(2013)'豫油茶 1 号'油茶。

八十七、'豫油茶 2 号'油茶

树　　　种：油茶

学　　　名：*Camellia oleifera* 'Yuyoucha No. 2'

类　　　别：优良品种

通过类别：审定

编　　　号：豫 S-SV-CO-012-2018

证书编号：豫林审证字 549 号

申 请 者：河南省林业科学研究院

选 育 人：李良厚　王晶　俞秀玲　丁向阳　申明海　付祥建　宋良红

【品种特性】　选育品种。油茶树树体生长旺盛，树姿半开张，枝叶密度较大，叶片椭圆形，中绿色。果实单生，桃形，成熟时青红色，成熟期在信阳地区为 10 月中旬。9 年生平均树高 1.68m、地径 5.9cm、冠幅 1.61m；鲜果平均单果重 27.81g，果高 4.1cm，果径 3.8cm，单株鲜果产量 5.62kg；鲜果出籽率48.89%，鲜果含油率为 5.83%；茶油中油酸含量 82.4%，亚油酸 6.7%，亚麻酸 0.3%。对低温、干旱及油茶炭疽病等均有较强的抗性。

【主要用途】　种子可加工食用茶油。

【适宜种植范围】　河南省大别山低山丘陵区。

【栽培管理技术】　选择土层深厚、疏松肥沃的山地红壤、黄红壤或砂壤土，ph 值在 5~5.6；海拔 500m 以下、阳光充足的阳坡和半阳坡，以坡度在 25°

以下的中下坡为宜。整地后按株行距 3m×4m、穴规格 40cm×40cm×50cm 挖好栽植穴。以'豫油茶 2 号'油茶作为主栽品种,'豫油茶 1 号''长林 4 号''长林 27 号'为配栽品种,按照 6∶2∶1∶1 进行配置造林,2 年生良种嫁接苗,2 月中旬至 3 月上旬植苗造林。栽植穴内埋施基肥。栽植后连续抚育 3 年,每年抚育 2 次,主要是除草、松土。幼树距地面 0.5~0.8m 处短截主干,待其萌发新枝,从中选留不同方位、上下间距 10~15cm 的健壮枝条 4~5 个作为骨干枝。幼林以轻度修剪为主,控制徒长枝,促进主侧枝生长,培育形成自然圆头形或开心形树冠。成林修剪,剪密留稀,去弱留强,大年轻剪,小年重剪,使林内通风透光。定植当年可以不施肥,幼树期以氮肥为主,配合磷、钾肥,主要采用条状沟施、环状沟施和叶面喷施 3 种。施用化肥要离树远一些,幼树离树蔸 15~20cm,大树离树蔸 50~60cm,施肥数量一次不宜过多。具体技术参考《河南林木良种(二)》(2013)'豫油茶 1 号'油茶。

八十八、'中石榴 2 号'石榴

树　　种: 石榴

学　　名: *Punica granatum* 'Zhongshiliu No. 2'

类　　别: 优良品种

通过类别: 审定

编　　号: 豫 S-SV-PG-032-2016

证书编号: 豫林审证字 498 号

申 请 者: 中国农业科学院郑州果树研究所

【品种特性】　杂交品种。为小乔木,树姿半开张,树势强健。果个较大,平均单果重 450g;最大果重 690g。果实近圆形,果皮光洁明亮,果面红色,着色率可达 85% 以上,裂果不明显。籽粒红色,汁多味酸甜,出汁率 85.7%,核仁半软(硬度 4.16kg/cm²)可食用。果实 9 月中下旬成熟。

【主要用途】　果实食用。

【适宜种植范围】　黄河以南的豫南、豫西和豫中地区。

【栽培管理技术】　秋栽和春栽。秋栽可在冬季比较暖和的地区,落叶后 1 周至土壤封冻前进行,秋栽的苗木根系伤口愈合早,发根早,缓苗快,有利于定植后的苗木生长。春栽适合冬季较为寒冷多风的地区,在化冻后至苗木发芽前栽植为宜。株行距一般采用 2m×3m,山坡丘陵地带通风透光较好,可进行适当密植,平原肥沃地带可适当稀植。石榴树是雌雄同花的果树,可自花授粉,但异花授粉的坐果率更高。配置授粉树后,可提高坐果率。因此宜配置'突尼斯软籽'做授粉树,配置比例一般以 1∶1~8 为宜。采用单干式小冠疏层形和单干三主枝自然开心形。具体技术参考《河南林木良种》(2018)'突尼斯软籽'石榴。

【病虫害防治】　4~5月注意防治干腐病、褐斑病、防治蚜虫、黄刺蛾、桃蛀螟等害虫;6月至8月注意防治石榴茎窗蛾、豹纹木囊蛾、桃小食心虫、石榴绒蚧、石榴果腐病、石榴蒂腐病、石榴曲霉病和石榴煤污病病等。

八十九、'中石榴8号'石榴

树　　　种：石榴

学　　　名：*Punica granatum* 'Zhongshiliu No. 8'

类　　　别：优良品种

通过类别：审定

编　　　号：豫 S-SV-PG-035-2018

证书编号：豫林审证字572号

申　请　者：中国农业科学院郑州果树研究所、河南林业职业学院

选　育　人：李好先　曹尚银　姚方　张淑英　辛长永　刘军　姚海雷

【品种特性】　杂交品种,母本'突尼斯软籽',父本'中石榴1号'。软籽石榴具有丰产性和抗性强,性状稳定一致,籽粒极软(籽粒硬度 = 1.85kg/cm^2),果个大(百粒重61.4g),果实外观漂亮,果实近圆形,果皮光洁明亮,红色,红色着果面积可达80%以上,无裂果现象。完全花比例高,坐果率高,籽粒红色,核仁软可食,嚼后无残渣,果皮薄,汁多味甘甜(可溶性固形物含量超过15%),出汁率82.3%,早果性好,丰产稳产,抗旱耐瘠薄性优于'突尼斯软籽'石榴。果实成熟期为9月底。

【主要用途】　果实食用。

【适宜种植范围】　黄河以南的豫南、豫西和豫中地区。

【栽培管理技术】　扦插育苗。育苗地应选在交通方便、能灌能排、土层深厚、质地疏松、蓄水保肥好的轻壤或砂壤土。整地前先灌透水洇湿土壤,待土表层稍干后,每亩结合深翻施入优质有机肥2500~3000kg以及100kg磷肥做基肥。平整土地,起垄作畦铺地膜,畦宽1.0m,畦埂底宽0.3m,高0.2m,长度因土地条件而定,土地平整条件好的,畦可长些,土地不太平整可适当短一些,以利灌溉。铺膜时使地膜与畦面贴紧,拉紧,四周用土培实,以防风吹。

石榴的插条可从树上随采随插而不必贮藏,只要温度适宜,四季均可进行。北方以春秋两季为好,春天的适期为土壤解冻后3月下旬春分后、4月上旬清明节石榴发芽前进行。秋季则以10~11月扦插为佳。一般认为秋插比春插好,插条贮藏养分充足,气温低,蒸发量小,利于扦插生根。但秋插不宜过早,否则冬前萌发嫩枝,冬季易被冻死。做到冬前不萌发,翌春萌发方是适期。具体

技术参考《河南林木良种》(2018)'突尼斯软籽'石榴。

九十、'玛丽斯'石榴

树　　种：石榴

学　　名：*Punica granatum* 'Ma Lisi'

类　　别：优良品种

通过类别：审定

编　　号：豫 S-ETS-PG-036-2018

证书编号：豫林审证字 573 号

申 请 者：中国农业科学院郑州果树研究所、河南林业职业学院

引 种 人：姚方　曹尚银　马贯羊　吴国新　李好先　司守霞　赵志宇

【品种特性】　引进品种。果实近圆形，果皮光洁明亮，粉红色，无裂果现象。籽粒软(籽粒硬度 2.01kg/cm^2)，果个大，平均单果重 510g；籽粒大，平均百粒重 59.0g。果实外观漂亮，果面粉红色，籽粒红色，核仁可食，嚼后无残渣，汁多味甘甜(可溶性固形物含量超过 16%)，出汁率 85%，早果性好，丰产稳产，抗旱耐瘠薄。果实成熟期为 9 月底。

【主要用途】　果实食用。

【适宜种植范围】　黄河以南的豫南、豫西和豫中地区。

【栽培管理技术】　选择土层深厚肥沃，灌溉和排水条件良好的砂壤土地块进行建园，pH 值 6.5~7.5 之间。在山地上建园，要选择选择阳坡或半阳坡的中、下腹，坡度以 10 度以下的缓坡地为好。在平地上建园，要选择背风向阳、地下水位约 2m 以下、排水良好的地方。年均最低温度不低于零下 10℃。株行距一般采用 2m×3m 或 2m×4m，整地可挖大沟或大穴，沟(穴)底填肥，栽后浇水覆膜。配置'突尼斯'软籽做授粉树，配置比例 1:1~8。前期以追施氮肥为主，后期以磷钾肥为主。追肥的种类以速效肥为主，也可适当配合人粪尿。具体技术参考《河南林木良种》(2018)'突尼斯软籽'石榴。

九十一、'慕乐'石榴

树　　种：石榴

学　　名：*Punica granatum* 'Mu Le'

类　　别：优良品种

通过类别：审定

编　　号：豫 S-ETS-PG-037-2018

证书编号：豫林审证字 574 号

申请者：中国农业科学院郑州果树研究所、河南林业职业学院

引种人：曹尚银　姚方　李好先　马贯羊　袁新征　骆翔　常见

【品种特性】　引进品种。果实外观漂亮，果实近圆形，果皮光洁明亮，红色，红色着果面积可达 80% 以上，无裂果现象。籽粒软（籽粒硬度 1.75kg/cm^2），果个大，平均单果重 460g。完全花比例高（3%~5%），坐果率高（55%~58%），籽粒红色，核仁软可食，嚼后无残渣，果皮薄，汁多味甘甜，可溶性固形物含量超过 16%，出汁率 83%，早果性好，丰产稳产，抗旱耐瘠薄性好。果实成熟期为 9 月底。

【主要用途】　果实食用。

【适宜种植范围】　黄河以南的豫南、豫西和豫中地区。

【栽培管理技术】　选择土层深厚肥沃，灌溉和排水条件良好的砂壤土地块进行建园，pH 值 6.5~7.5 之间。在山地上建园，要选择选择阳坡或半阳坡的中下部，坡度以 10 度以下的缓坡地为好。在平地上建园，要选择背风向阳、地下水位约 2m 以下、排水良好的地方。年均最低温度不低于零下 10℃。

株行距一般采用 2m×3m 或 2m×4m，每亩栽 110 株或 83 株。配置'突尼斯'软籽做授粉树，配置比例 1:1~8。幼树每株施过磷酸钙 0.25kg 和人粪尿 2~3kg，结果树每株施过磷酸钙 1.0~1.5kg，人粪尿 15kg。一般每年施用 2~4 次，可在花前、幼果膨大期和果实采收后进行。具体技术参考《河南林木良种》(2018)'突尼斯软籽'石榴。

九十二、'豫农早艳'石榴

树　　种：石榴

学　　名：*Punica granatum* 'Yunongzaoyan'

类　　别：优良品种

通过类别：审定

编　　号：豫 S-SV-PG-038-2018

证书编号：豫林审证字 575 号

申请者：陈延惠　胡青霞　冯建灿　李洪涛　冯进　谭彬　史江莉

选育人：陈延惠　胡青霞　冯建灿　李洪涛　冯进　谭彬　史江莉

【品种特性】　芽变品种。果实近球形，平均纵径 8.1cm，横径 9.6cm，果形指数 0.84；平均单果重 360g；果皮底色黄绿，着条纹状玫红色晕，有光泽，外观艳丽，着色面积 70% 以上。萼筒较短，开张或半开张，子房数目多 6 个，萼片数目多 6 个。籽粒粉红，酸甜适口，风味浓郁，果皮籽粒易分离。百粒重

37.0g，出籽率62.3%，出汁率84.6%；籽粒柔软可食；籽粒易剥离；SSC为15.5%~17.5%，pH值3.4，酸甜适口。果实成熟期为9月中下旬，室温可贮藏保鲜20天左右。

【主要用途】 果实食用；亦可作为授粉品种。

【适宜种植范围】 黄河以南各软籽石榴产区。

【栽培管理技术】 根据地形地貌、土壤肥力和对早期产量的要求，合理确定种植密度和树形。在山区、丘陵或瘠薄的土地可采用3m×2m或3m×3m的株行距，肥沃的土地应适当稀植，采用2m×4m或2m×5m的株行距，采用单干分层形或纺锤形整形。

为保证该石榴的结实率，要注意配置授粉树。授粉品种可采用花期接近的'突尼斯软籽''豫大籽'等混栽，互为授粉。定植当年设立支柱扶干，加强主干的培养，定干高度宜适当高，以果枝结果后下垂距地不低于30cm为宜。萌芽后及时清除萌蘖；及时疏除徒长枝和过低枝。重视疏花疏果，避免过度负载，由于其果实大，为保证优质果率，要特别注重疏果。疏果应在6月下旬进行，疏除畸形果、病虫果、小果和双果、多果；盛果期亩产应控制在2000kg左右。加强果园土肥水管理。具体技术参考《河南林木良种》(2018)'突尼斯软籽'石榴。

【病虫害防治】 及时防治病虫害，注意清园，清除田间枯枝落叶及杂草，早春萌芽前喷施石硫合剂，花期和幼果期特别注意防治蚜虫、绿盲蝽、桃小食心虫、桃蛀螟等。

九十三、'刀根早生'柿

树　　种：柿

学　　名：*Diospyros kaki* 'Tonewase'

类　　别：引种驯化品种

通过类别：审定

编　　号：豫S-ETS-DK-012-2017

证书编号：豫林审证字517号

申　请　者：国家林业局泡桐研究开发中心中国林业科学研究院经济林研究开发中心

【品种特性】 日本引进品种。九倍体，单性结实能力强，受精后胚退化，无核。果实扁圆形，果顶广平微凹，十字沟，果面无缢痕和纵沟。果实大小整齐，单果重约191g。果蒂方圆形，萼洼浅，萼片平展，果柄短，果皮光滑，有光泽，橙黄色，软化后橙红或红色，果肉橙黄色，肉质脆，汁多，味甜，可溶性固形物含量18.2%，CO_2脱涩容易，鲜食或加工柿饼皆宜，耐贮藏，室内存放 35 天不变软。果实成熟期为 10 月上旬。

【主要用途】　鲜食或加工柿饼。

【适宜种植范围】　河南省柿树适生区。

【栽培管理技术】　栽植密度视栽植地肥力情况而定，土壤肥沃、地势平坦的园地可设置株行距为 3m×4m，每亩约 55 株；肥力低的丘陵山区，株行距可设置为 2m×3m，每亩约 110 株或 2m×4m，无需配置授粉树。春栽于 3 月下旬至 4 月上旬土壤解冻后、发芽前进行；秋栽于土壤冻结前进行，黄河中下游在 11 月中旬前为宜。栽植当年及时中耕除草松土。中耕次数不宜过多，栽后每年 11 月中下旬，在落叶前土壤深翻一次，夏季雨后及时进行中耕 2~3 次。苗期为主干形，进入盛果期逐渐改成变则主干形或自然开心形。冬剪以疏为主，对主枝延长枝加以短截，夏剪以摘心为主。刀根早生结果母枝短截后，不必留预备枝。刀根早生可在花期进行主干环割和疏花疏果。在秋季落叶后或春季发芽前进行整形修剪，4 月至 8 月进行控型修剪。加强水肥管理和病虫害防治。具体技术参考《河南林木良种》(2018)'十月红'柿。

九十四、'中柿 5 号'柿

树　　种：柿

学　　名：*Diospyros kaki* 'Zhongshi No. 5'

类　　别：优良品种

通过类别：审定

编　　号：豫 S-SV-DK-023-2018

证书编号：豫林审证字 560 号

申 请 者：国家林业局泡桐研究开发中心

选 育 人：刁松锋　韩卫娟　孙鹏　傅建敏　李芳东　孙晓薇　李俊霞

【品种特性】　实生选育品种。植株矮化，徒长枝少，结果母枝多，无秋梢。果实扁圆形，橙红色或橘红色，果面光滑，平均纵径 49.32mm，横径 66.09mm，平均单果重 113.4g，可溶性固形物含量 22.8%，果实易脱涩，皮薄、甜爽多汁，香味浓郁。嫁接 7 年生树平均树高 2.79m，地径 4.83cm，冠幅 1.63m×1.37m；单株产量 17.27kg，亩产 2884kg。对柿棉蚧和柿蒂虫抗性较强，在豫西地区 9 月中旬达到 CO_2 脱涩的硬质鲜食成熟期，10 月上旬为软质鲜食成熟期。

【主要用途】　软质鲜食。

【适宜种植范围】　河南省柿适生区。

【栽培管理技术】　选择砧木苗进行栽植建园，瘠薄山地选择君迁子为砧木。栽植密度以 1m×4m 为主，可根据立地条件适当调整。建议为树形为主干形，不易开心形。整形修剪在休眠期进行，生长季无需进行大规模修剪。修剪采用疏枝、短截、拉枝、抹芽、摘心等方法，结果枝以中长枝较好，健壮树体盛果期徒长现象较轻，修剪不宜过重。冬季刚修剪的剪锯口易腐朽，直径 2cm 以上的伤口，应在修剪之后，用防腐剂保护，防止腐烂。6 月初生理落果后进行疏果，以叶果比 10:1 比较适宜；去除预留幼果残留的花冠和限制柿果生长空间的叶片，保证果面光洁。需水较多，全年可分为萌芽前、新梢速长期、果实膨大期和解冻前 4 次进行灌水，干旱少雨地区在 9 月柿果成熟前增加灌水 1 次可以提高柿果品质。5 月和 7 月补施钾肥和钙肥，8 月补施氮肥。果实采收后施基肥，基肥以羊粪为主，提早果实成熟期。其他时期的水肥管理以实际情况而定。具体技术参考《河南林木良种》(2018) '十月红' 柿。

【病虫害防治】 抗病虫害性较强，但需提前防治角斑和圆斑病。

九十五、'平核无'柿

树　　种： 柿

学　　名： *Diospyros kaki* 'Hiratanenashi'

类　　别： 引种驯化品种

通过类别： 审定

编　　号： 豫 S-ETS-DK-024-2018

证书编号： 豫林审证字 561 号

申 请 者： 国家林业局泡桐研究开发中心

引 种 人： 索玉静　孙鹏　韩卫娟　李芳东　傅建敏　李秋林　魏森林

【品种特性】 引进品种。树势强健，单性结实能力强，结果枝多。果实扁圆形、无籽，果顶广平微凹；果实纵径 61.54mm，横径 72.93mm，平均单果重 166.2g，可溶性固形物含量约 17.5%。嫁接 7 年生树单株产量 33.1kg，亩产 2778.2kg。易脱涩且不褐化，10 月初达到 CO_2 脱涩的硬质鲜食成熟度；脱涩后果实汁多肉脆，风味极佳，室内储存 30 天不变软。对柿棉蚧和柿蒂虫抗性较强。

【主要用途】 果实鲜食，也是特异的育种材料。

【适宜种植范围】 河南省柿适生区。

【栽培管理技术】 选择嫁接苗栽植建园，瘠薄山地选择君迁子砧木，平地、丘陵选择野柿或浙江柿作为砧木。栽植密度以 2m×4m 为主，可根据立地条件和使用机械的情况适当调整。建议树形为主干形，不易开心形。休眠期和生长季进行整形修剪，修剪采用疏枝、短截、拉枝、抹芽、摘心等方法，结果枝以中长枝较好，健壮树体盛果期徒长现象较轻，修剪不宜过重；6月初生理落果后进行疏果，以叶果比15：1比较适宜；去除预留幼果残留的花冠和限制果实生长空间的叶片，保证果面光洁。全年可分为萌芽前、新梢速长期、果实膨大期和解冻前4次进行灌水，干旱少雨地区在9月果实成熟前增加灌水1次可以提高果实品质。5月和7月补施钾肥和钙肥，8月补施氮肥。果实采收后施基肥，基肥以羊粪为主，提早果实成熟期。具体技术参考《河南林木良种》（2018）'十月红'柿。

【病虫害防治】　抗病虫害较强，但需提前防治角斑、圆斑病和柿棉蚧。

九十六、'将军帽'柿

树　　　种：柿

学　　　名：*Diospyros kaki* 'Jiangjunmao'

类　　　别：优良品种

通过类别：审定

编　　　号：豫 S-SV-DK-025-2018

证书编号：豫林审证字562号

申 请 者：洛阳农林科学院

选 育 人：梁臣　王治军　韩凤　王联营　尹华　王小耐　魏素玲

【品种特性】　选育品种。'将军帽'树势强，树姿直立，结果后树势中庸，半开张。树皮灰白色至灰褐色，幼树树皮光滑，老树树皮条状浅裂，灰褐色；一年生枝冬态红褐色到灰褐色，嫩枝绿色被白色茸毛，皮孔圆形、小而密。叶近革质，叶长卵形，尾渐尖，长8～13cm，宽5～7cm，叶背无茸毛，羽状网状叶脉，侧脉多为6或8条；叶柄较短，约1.3～2.2cm，具有浅槽。花雌性，单性结实。果实圆锥形、果顶凸尖，缢痕深而明显，位于果腰中下部，将果分成上下两层，基部圆形，平均单果重221g；幼果绿色，成熟时呈橘黄色，果皮细而光滑，果粉多，成熟易剥离；果肉橙黄色，纤维中等，无核或1～2粒种核。果实完全软化后果皮不皱、不裂；宿萼近方形，多4裂，裂片宽约为2cm，长1.6cm；果柄灰黑色，粗壮，长不足1cm。果实成熟晚，易脱涩，耐储运，抗炭疽病、耐旱、耐瘠薄，在各种土壤栽植生长良好。

【主要用途】　果实食用，亦可做柿饼。

【适宜种植范围】　河南省柿适生区。

【栽培管理技术】　一般栽植株行距为3m×4m或3m×5m，密植园2m×3m或2m×4m。密植果园宜采用纺锤型树形；普通栽植密度宜采用小冠疏层形树形；幼树、初结果树以整形为主，迅速扩大树冠，实现早结果；盛果期树以短截、回缩、疏枝为主，同时注意培养健壮的结果枝组；老树及衰弱树要加大修剪量，疏除重叠枝、交叉枝和过密枝，更新复壮结果枝组、短截发育枝和徒长枝。每年落叶前(10月中下旬)深翻一次，结合深翻施入有机肥 3000kg/亩，配合施基肥加入过磷酸钙肥料(基肥与过磷酸钙的质量比约为 50∶1)。4 月初施花前肥，以速效氮肥为主，每株不超过 1.0kg 尿素，在阴雨天进行为宜。6 月中上旬开始喷施叶面肥，每 2 周 1 次，喷施 4 次左右，以 0.3% 尿素或光合微肥为主。每年 3 月下旬(芽萌动前)和 10 月下旬(深翻后)灌透水。具体技术参考《河南林木良种》(2018)'十月红'柿。

九十七、'阳丰'甜柿

树　　　种： 柿

学　　　名： *Diospyros kaki* ' Youhou'

类　　　别： 优良品种

通过类别： 审定

编　　　号： 豫 S-ETS-DK-026-2018

证书编号： 豫林审证字 563 号

申　请　者： 鲁山县耀伟柿业示范推广中心、平顶山市林木种苗管理站

引　种　人： 周耀伟　刘银萍　丁向阳　李建成　余亚平　李留振　康敬国

【品种特性】　引进品种。果实含可溶性单宁低，不需人工脱涩，采摘即食。果实大，平均果重 240g，最大单果重 480g；果扁圆形，果顶广圆，橙红色，软化后红色；果皮红色，果粉中等，无网状纹，无裂纹、蒂隙，果顶不裂，无纵沟，无条锈斑，有浅缢痕，柿蒂大，萼片 4 枚。果肉质中等密，稍硬，味甜，可溶性固形物含量 14.8%，可溶性糖 11.92%，总酸含量 0.19%，Vc 含量 673mg/kg，果汁多，硬果期 20～36 天，9 月下旬成熟。

【主要用途】　果实鲜食，也可加工果汁。

【适宜种植范围】　河南省柿适生区。

【栽培管理技术】　选择土壤肥沃、光照充足、有灌溉条件的地块建园，11 月中下旬或 3 月栽植。栽植密度为 2m × 3m，栽植穴深 60cm，长、宽各 60cm，60cm 定干。建园苗木应选择根系完整、芽饱满、无病虫害的一年生嫁接苗。树体以疏散分层形或小冠疏层形为宜，可拉枝缓和树势，扩大树冠，形成丰产的树体结构。土壤管理要适度灌水，幼树在栽植第 1 年至第 3 年上半年应及时追肥，要多施氮肥，加速扩大树冠，早日进入结果期。结果期在施氮肥的同时，增施磷钾肥，促进结果，钾肥既防止落果又有抗寒力。冬季修剪以疏剪为主，主枝延长头、弱枝短截，连续结果的下垂枝回缩。生长期修剪以抹芽、摘心、

拉枝为主。具体技术参考《河南林木良种》(2018)'十月红'柿。

　　【病虫害防治】　注意防治叶部的角斑病、圆斑病，果实的炭疽病，早期结果树应控制旺长，否则容易因缺钙引起顶腐病。

第三篇 种子园

一、'温县'苦楝种子园

树　　种：苦楝

学　　名：_Melia azedarach_ 'Wenxian'

类　　别：实生种子园

通过类别：审定

编　　号：豫 S-SSO(1.5)-MA-023-2017

证书编号：豫林审证字 528 号

申 请 者：国有温县苗圃

【品种特性】　改良代种子园。干性好，主干通直明显，枝下高在 2.5~3m，自然接干能力强。花量大，花色美丽，景观效果好。种子园母株平均风干后果实产量稳定在 5kg 以上，国有温县苗圃苦楝实生种子园年可产苦楝果实 2000kg，300 余万粒，经催芽处理后发芽率在 94% 以上。

【主要用途】　生产良种种子。

【适宜种植范围】　河南省苦楝适生区。

【栽培管理技术】　播种繁殖。春播时间为 3 月上旬至 4 月上旬；秋播为随采随播。播种行距 33cm，开宽 10cm，深 5cm 的条播沟，顺沟浇水，水渗下后将种子均匀播入，覆土 2cm，然后覆盖 1cm 厚的锯木屑或麦糠等，及时浇水。苗高 10cm 左右时开始间苗，当苗高 15~20cm 按照 20~25cm 定苗，每亩保留 6000~8000 株。3 月下旬，按株行距 1.2m×1.5m 挖定植穴，选用一级苗移植。第一年初春时，截去顶部 1/4，待新枝长 15~20cm 时，剪口下选留直立健壮枝作为主干延长枝，抹去竞争枝，其余小枝保留。具体技术参考《河南林木良种（三）》(2016)苦楝。

第四篇 园林绿化良种

一、'金红'杨

树　　种：欧美杨

学　　名：*Populus deltoides* 'Jinhong'

类　　别：优良品种

通过类别：审定

编　　号：豫 S-SV-PD-010-2016

证书编号：豫林审证字 476 号

申 请 者：商丘市中兴苗木种植有限公司

【品种特性】　芽变品种。叶片从春天发芽开始为鲜红色，夏季依次为橘红色，金黄色，黄绿色，秋季落叶前为橘黄色。

【主要用途】　观赏树种。

【适宜种植范围】　河南省杨树适生区。

【栽培管理技术】　用 2 年生以上苗木造林，造林地具备较好水肥条件。具体技术参考《河南林木良种》(2018)'桑迪'杨。

二、'彩砧 1 号'青杨

树　　种：青杨

学　　名：*Populus cathayana* 'Caizhen No.1'

类　　别：优良品种

通过类别：认定(有效期 5 年)

编　　号：豫 R-SV-PC-005-2016

证书编号：豫林审证字 463 号

申 请 者：河南省绿彩杨有限公司

【品种特性】　选择育种。速生，主干通直，树皮青白色，观赏性强。通过该品种改接彩叶杨树，不仅改变了树干的观赏性，还可以抑制彩叶类杨顶端优势，增强彩叶杨树萌枝力能力，使良种冠形圆满。

【主要用途】　做彩叶杨树的砧木。

【适宜种植范围】　河南省杨树适生区。

【栽培管理技术】　选择向阳、排水良好的砂质壤土为宜。培育 8cm 大苗适宜的栽植密度为 2m×2m，栽植时施一次基肥，充分腐熟的牛粪 3kg，基肥上铺 5cm 厚度的土。每年春季植株萌动前每株施复合肥 50g，6～8 月浇水后或雨后追尿素肥 3 次。正常进行中耕除草、浇水，修枝。移植可在秋季或早春树叶未萌动时进行，泥浆沾渍根部移栽造林成活率较高。不需过多修剪，一般在幼年期为培养良好干形，剪去树干以下 1/3 的枝条，待苗木高度在 2.5m 处，打去顶梢，促进胸径生长。待苗木生长胸径达到 7cm 以上，通过高接换头，改接彩叶杨树，培育 1 年即可作为绿化大苗出售。具体技术参考《河南林木良种》(2018)'桑迪'杨。

【病虫害防治】　病害主要是杨树烂皮病、黑斑病、溃疡病，虫害主要是杨叶甲、金龟子，需对症防治。

三、'炫红'杨

树　　　种：杨树

学　　　名：*Populus deltoides* 'Xuanhong'

类　　　别：优良品种

通过类别：审定

编　　　号：豫 S-SV-PD-024-2017

证书编号：豫林审证字 529 号

申　请　者：商丘市中兴苗木种植有限公司、虞城县农业科学研究所、河南省农业科学院园艺研究所

【品种特性】　变异品种。雄性，干形通直，树皮纵裂，侧枝夹角大。展叶期幼叶鲜红色，成熟叶片叶面颜色随着枝条的生长，全年生长期从上向下分别鲜红色—橙红色—橙色—橙黄色，色彩靓丽，观赏期长。耐高温，38℃ 高温条件下不焦叶。

【主要用途】　观赏品种。

【适宜种植范围】　河南省杨树适生区。

【栽培管理技术】　用 2 年生以上苗木造林，造林地具备较好水肥条件。具体技术参考《河南林木良种》(2018)'桑迪'杨。

四、'靓红'杨

树　　种：杨树

学　　名：_Populus deltoides_ 'liang hong'

类　　别：优良品种

通过类别：审定

编　　号：豫 S-SV-PD-048-2018

证书编号：豫林审证字 585 号

申 请 者：河南省中兴苗木股份有限公司、虞城县农业科学研究所、河南省农业科学院园艺所

选 育 人：程相军　王爱科　张和臣　程相魁　杨振宇　杨淑红　王睿丽

【品种特性】　芽变品种。乔木，雄性无飞絮；干形通直圆满，树皮纵裂；叶片三角形，叶面光滑，叶基阔楔形；叶芽三角形、红色、半贴生；叶片展叶期幼叶紫红色，成熟叶片叶面颜色随着枝条的生长，全年生长期从上向下分别紫红色—鲜紫红色—鲜红色—火红色，秋季落叶前为火红色。生长季节，其叶柄、叶脉、干茎、新梢始终为紫红色，色泽亮丽多变诱人。与原株'金红杨'相比，遇高温干旱天气，不焦叶。

【主要用途】　观赏树种，是园林景观美化及花海营造的优选树种。

【适宜种植范围】　河南省杨树适生区。

【栽培管理技术】　嫁接繁殖或扦插繁殖。嫁接繁殖可选择木质部芽接，以中红杨、2025 杨做砧木，其嫁接亲和力强、发芽早、愈合快、新梢生长迅速，嫁接时间可在春季到夏季的 7 月末之间进行，成活率可达 85%~90%。高位嫁接时，应选在早春树液开始流动后开始嫁接，接芽的数量以砧木的粗度而增加。硬枝扦插主要在春季进行，用长 12cm、粗 0.8cm 以上的一年生枝条，进行常规的苗圃扦插繁殖即可，成活率可达 85% 以上。

园林景观绿化可选用 2 年生以上苗木，造林地具备较好水肥条件，尽量缩短运输苗木时间，栽植前把苗木根部浸水 24~48 小时，栽植后浇足水。花海景观营造可采用直接扦插或用一年生苗即可，栽培前注意施好基肥，栽后浇足水分。'靓红杨'为强喜光树种，其生态特性与中红杨相近，对土壤要求不严，可短时忍耐 -33℃ 的极端低温，适生区为年平均温度 10℃ 以上的地区。具体技术参考《河南林木良种》(2018)'桑迪'杨。

五、'豫红1号'蜡梅

树　　种：蜡梅

学　　名：_Chimonanthus praecox_ 'Yuhong NO. 1'

类　　别：优良品种

通过类别：审定

编　　号：豫 S-SV-CP-049-2018

证书编号：豫林审证字 586 号

申 请 者：河南省林业科学研究院、鄢陵县林业科学研究所

选 育 人：尚忠海　　岳长平　　白保勋　　汤正辉　　沈植国　　徐婷婷　　王联营

【品种特性】　实生选育品种。枝条灰褐色，无毛或被疏微毛，有皮孔；鳞芽通常着生于第二年生的枝条叶腋内，芽鳞片近圆形，覆瓦状排列，外面被短柔毛。叶纸质至近革质，卵圆形，顶端渐尖，除叶背脉上被疏微毛外无毛。花着生于第二年生枝条叶腋内，先花后叶，花碗形，展开角度大，花径 2.4~3.2cm，中部花被片 8~9 枚，黄色，椭圆形，长 1.5~2.0cm，宽 0.5~0.9cm，先端钝，外曲；内花被片 9 枚，长 0.5~1.2cm，宽 0.3~0.8cm，紫红色，卵形，基部有爪，雄蕊 8 个，花丝有时被柔毛，与花药近等长，花药近白色，花药向内弯，无毛，花柱及柱头无毛；果纺托钟形，果实含种子 7~9 枚，瘦果肾形，周围领状隆起。在河南 1 月 20 日左右花蕾开始萌动，1 月 26 日左右进入初花期，盛花期 2 月 1 日至 2 月 15 日，末花期 2 月 25 日前后，开花持续天数 30多天。6 月果实成熟。

【主要用途】　园林观赏植物，也可作为盆景和园艺插花。

【适宜种植范围】　河南省蜡梅适生区。

【栽培管理技术】

1. 苗木培育

蜡梅繁殖常用播种、分株、压条、嫁接等方法，播种多用于砧木的繁殖及新品种的选育。近几年实生蜡梅也直接用于园林栽植。

（1）播种繁殖　7~8 月，蜡梅瘦果外壳由绿转黄、内部种子呈棕黑色时，即可采收，即时播种。株行距 15cm×30cm。当年新种子出苗快，播前种子需用温水浸种催芽 24 小时。冬季覆盖防冻，当年发芽成苗。或 7~8 月采收变黄的坛形果托，取出种子，阴干后湿沙贮藏，翌年 3 月下旬播种。播种前用 60℃温水浸泡 12~24 小时。

播种时先整好苗圃地，点播，或开沟条播，覆土厚度 4~5cm。注意浇水、除草，每隔 20~30 天施清淡薄肥一次；苗期注意排水防涝。一年生苗高可达

50cm左右，培养3年即能开花，也可作为砧木使用。

（2）分株繁殖　在秋季落叶后至春季萌芽前进行。在离地面20~30cm处，将准备分株的蜡梅枝条全部截掉。在母株四周将土掏出，按每丛2~3根茎秆用刀劈开，移出另栽，原处留2~3根粗大壮实的茎秆不动。分栽的蜡梅苗采用60cm×50cm株行距进行栽植，到秋季施一次薄肥，当年即可开花。培养2~3年后出圃或再进行分株繁殖。分株繁殖方法简便，但繁殖系数较低。

（3）嫁接繁殖　嫁接繁殖是蜡梅主要的繁殖方法，通过嫁接可以保持品种的优良特性。

● 切接：切接多在3~4月进行，当叶芽萌动有麦粒大小时嫁接最易成活。切接前一个月，从良种蜡梅壮龄树上，选粗壮而又较长的一年生枝，截去顶梢，使光合作用制造的养分集中贮存到枝的中段，则有利于嫁接成活。剪取接穗长约6~7cm。在接穗下芽的背面1cm处斜切一刀，削掉2/3木质部，斜面长3~5cm，要求斜面光滑、平直；再在斜面的背面削1cm长的斜面，削成楔形，稍露出木质部，接穗上保留1~2对芽。砧木用2~3年生的狗牙蜡梅，也可用4~5年生的蜡梅实生苗。在离地面3~5cm处剪除砧木，选皮厚、光滑的地方把砧木削平，再在皮层内略带木质部垂直切3~4cm。把接穗的长斜面对准砧木的木质部处插入，使接穗斜面两边的形成层和砧木切口两边形成层对准靠紧。接后绑扎好，在接口处涂上泥浆，用疏松湿润的细土将接穗覆盖。接后约一个月，即可扒开封土检查成活。用切接法繁殖的蜡梅，生长旺盛，当年嫁接苗可高达40~60cm。

● 靠接：春、夏、秋三季都可进行，而以5月最宜。用多年生蜡梅实生苗或狗牙蜡梅做砧木，夏季6~7月先将砧木顶部剪去，在适当部位削成梭形切口，长约3~5cm，深达木质部，削口要光滑平展。接穗和砧木的削口长短和大小要一致，然后把它们靠在一起，使四周的形成层相互对齐，用塑料带自下而上紧密绑扎在一起，1个半月之后，将接穗的下部和砧木的上部剪去，即成为一个新的植株。

● 腹接：夏秋间均可进行，以6月中旬至7月中旬为最适期，选用根茎1.5~2cm的1~2年生实生苗为砧木，在距地面3~5cm处斜切一刀，深达砧木粗度的1/3，切口长2~3cm。采用当年生半木质化优良品种枝条作为接穗，带有2~3对芽，长度约8~10cm。将接穗小段顶芽一侧的茎部斜向削一削面，削面长度与砧木切口长度相等，在此削面背面再削1cm长的小斜面，然后用手轻轻推开砧木，将接穗削面长的一面向内插入砧木切口，使长削面紧贴砧木木质部，二者形成层对准，最后用塑料条紧绑接口即可。再用10cm×30cm的长形塑料袋，套在接穗上，下部绑紧，20~25天伤口愈合，去除塑料袋，于接口上部1~2cm处剪砧。

（4）嫁接苗的管理　当嫁接成活的接穗长出 6 个叶片时及时摘心，促其增粗、萌发侧枝，形成树冠和开花枝。培育具有较高主干的植株时，到第二年砧木与接穗生长牢固后，利用其新萌发的枝芽培育主干。春季切接成活的植株，在初夏"松绑"，将绑缚用的塑料薄膜松开，但不可完全去掉；夏季腹接成活的植株，在翌年初夏"松绑"，用锋利的小刀在塑料膜上轻轻纵向划一刀，使塑料膜松动即可。

2. 露地栽植

（1）整地与栽植　选择土层深厚、避风向阳、排水良好的中性或微酸性沙质土壤，一般在秋冬落叶后至春季叶芽萌发前进行栽植。小苗采取 30cm×50cm 的株行距栽植；2~3 年生的中等苗按 50cm×60cm 株行距栽植。庭园内定植的大苗树穴直径 60~70cm，穴深 40~50cm；穴底填放腐熟的厩肥、豆饼等作基肥，在基肥上覆盖一层土后，再将带有土球的蜡梅植株放入，填土，踩实，浇水。

大树移植应带土球。幼苗可裸根栽植，但裸根时间不可太长。在河谷、沟地，土壤潮湿疏松，通气良好，空气相对湿度大，蜡梅可成纯林。蜡梅应种在避风处，避免烟尘等污染，有利于蜡梅的生长。

（2）管理　蜡梅是深根性植物，耐旱，怕涝。秋后要适当地控制浇水，花后休眠期停止浇水。蜡梅喜肥，栽植前施有机肥，生长季节每半月施一次稀薄的液肥。在花芽分化期，每隔 10 天左右一次液肥。蜡梅生长力强，耐修剪。为了培养优美树形，幼龄期应进行整形修剪，枝条长度控制在 15~50cm 之间，提高观赏价值；开花植株修剪宜在花后芽前进行，将病枯枝、交叉枝、过密枝、根蘖枝等全部剪掉，保留枝进行短截，促其腋芽萌发形成更多的花枝；丛生蜡梅分枝多开花多，通风透光差，宜适当疏枝整形；嫁接苗开花少，通风透光好，修剪时注意保持树冠原有的姿态美观；多年生的老树应进行截顶，使其多开花并保持株形优美匀称。

3. 盆栽

选择疏松肥沃、排水良好的沙质壤土做培养土，在盆或缸底排水孔上垫一层石砾，初冬选择花蕾饱满的幼株，带土掘起，植于盆中，开花后即可陈列观赏。平时放在室外阳光充足处养护。

（1）水肥管理

● 浇水：平时浇水以维持土壤半墒状态为佳，雨季注意排水，防止土壤积水。干旱季节及时补充水分，开花期间，土壤保持适度干旱，不宜浇水过多。盆栽蜡梅在春秋两季，盆土不干不浇；夏季每天早晚各浇一次水，水量视盆土干湿情况控制。

● 施肥：每年花谢后施一次充分腐熟的有机肥；春季新叶萌发后至 6 月的

生长季节，每10~15天施一次腐熟的饼肥水；7~8月的花芽分化期，追施腐熟的有机肥和磷钾肥混合液；秋后再施一次有机肥。每次施肥后都要及时浇水、松土，以保持土壤疏松。花期不要施肥。

盆栽蜡梅，上盆初期不再追施肥水，春季要施展叶肥。每隔2~3年翻盆换土一次，在春季花谢后进行，同时换掉1/3的盆土。

（2）整形修剪

●整形：①乔木状树形。在幼苗期选留一枝粗壮的枝条，不进行摘心，培养成主干。当主干达到预期的高度后再行摘心，促使分枝。当分枝长到25cm后再次摘心，使其形成树冠，随时剪除基部萌发的枝条。

②丛状树形或盆栽。幼苗期即行摘心，促其分枝。冠丛形成后，在休眠期对壮枝剪去嫩梢，对弱枝留基部2~3个芽进行短截，同时清除冠丛内膛细枝、病枯枝、乱形枝。对当年的新枝在6月上中旬进行一次摘心。园艺造型一般萌芽时动刀折整枝干，使之形成基本骨架。至5~6月可用手扭折新枝。基本定型后，还要经常修剪，保持既定树形。

●修剪：①生长季抹芽、摘心。蜡梅叶芽萌发5cm左右时，抹除密集、内向、贴近地面的多余嫩芽。在5~6月旺盛生长期，当主枝长40cm以上、侧枝30cm以上时进行摘心，促生分枝。夏季及时剪去杂枝、无用枝、乱形枝、挡风遮光枝。

②花前修剪。在落叶后花芽膨大前，对长枝在花芽上多留一对叶芽，剪去上部无花芽部分，疏去枯枝、病虫枝、过弱枝及密集、徒长的无花枝和不作更新用的根蘖。要小心操作，避免碰掉花芽。

③花后补剪。疏去衰老枝、枯枝、过密枝及徒长枝等，回缩衰弱的主枝或枝组。对过高、过长、过强的主枝，可在较大的中庸斜生枝处回缩，以弱枝带头，控制枝高、枝长和枝势。短截一年生枝，主枝延长枝剪留30~40cm，其他较强的枝留10~20cm，弱枝留一对芽或疏除。花谢后及时摘去残花。

4. 山野采掘

采用山地野生蜡梅老根桩下地培育，制成蜡梅古桩，较为普遍，收效亦快。选取多年砍伐萌生的老树桩，掘回后，注意保护根系，修剪枝条。选择光照适中、土壤疏松、排水良好的地方进行"养胚"，成活后移至盆内培育。如是狗蝇梅老桩，则可选素心蜡梅进行嫁接，成活后即可按需加工造型。

【病虫害防治】

1. 炭疽病防治

炭疽病主要发生在植物叶片上，常常为害叶缘和叶尖，严重时，使大半叶片枯黑死亡。发病初期在叶片上呈现圆形、椭圆形红褐色小斑点，后期扩展成深褐色圆形病斑，大小为1~4mm，中央则由灰褐色转为灰白色，而边缘则呈紫褐色或暗绿色，有时边缘有黄晕，最后病斑转为黑褐色，并产生轮纹状排列的小黑点，即病菌的分生孢子盘。在潮湿条件下病斑上有粉红色的黏孢子团。严重时一个叶片上有十多个至数十个病斑，后期病斑穿孔，病斑多时融合成片导致叶片干枯。病斑可形成穿孔，病叶易脱落。

防治方法：①彻底清除带病落叶，集中销毁，减少侵染源。②喷洒 50% 甲基托布津 800~1000 倍液，或 50% 多菌灵可湿性粉剂 1000 倍液。

2. 黑斑病防治

叶、叶柄、嫩枝、花梗和幼果均可受害，但主要为害叶片。发病初期叶表面出现红褐色至紫褐色小点，逐渐扩大成圆形或不定形的暗黑色病斑，病斑周围常有黄色晕圈，边缘呈放射状、病斑直径约 3~15mm。后期病斑上散生黑色小粒点，即病菌的分生泡子盘。严重时植株下部叶片枯黄，早期落叶，致个别枝条枯死。

防治方法：①清除病落叶，集中销毁，减少侵染源。②喷洒 50% 多菌灵可湿性粉剂 1000 倍液，或 65% 代森锌 500 倍液，或 0.3 波美度石硫合剂。

3. 蚜虫防治

蚜虫成虫体长为 1.5~4.9mm，表面光滑尾片圆椎形、指形、剑形，分为有翅、无翅两种类型，体色为黑色。通常吸食腊梅的叶片、茎秆、嫩头和嫩穗汁液。蚜虫的繁殖力很强，一年能繁殖 10~30 个世代，世代重叠现象突出。雌性蚜虫一生下来就能够生育。而且蚜虫不需要雄性就可以怀孕（即孤雌繁殖）。蚜虫与蚂蚁有着和谐的共生关系。蚜虫带吸嘴的小口针能刺穿植物的表皮层，吸取养分，并分泌含有糖分的蜜露。蚂蚁靠近蚜虫，舔食蜜露。蚂蚁为蚜虫提供保护，赶走天敌，蚜虫和蚂蚁是一个合作两利的交易。

防治方法：①剪除有卵枝条，集中销毁。②喷洒 10% 吡虫啉可湿性粉剂 6000 倍液，或 70% 灭蚜松可湿性粉剂 1500~2000 倍液，或 50% 马拉松乳油 1000~1500 倍液。

4. 红颈天牛防治

红颈天牛成虫体长 20~37mm，前胸部棕红色，余为黑色，有光泽，前胸背板有 4 个瘤状突起。幼虫蛀食枝干孔道弯曲，并向外咬出排粪孔，排出红褐色锯木屑状粪便。危害严重时，树干被蛀空，树势衰弱以至枯死。

防治方法：①防治时用棍敲打枝干，及时捕杀落地成虫。②经常检查树干，发现有排粪孔时，用铁丝刺死其中的幼虫；或向排粪孔塞入蘸有敌敌畏的棉球，用黄泥封口，进行熏杀。

5. 日本龟蜡蚧防治

日本龟蜡蚧若虫和雌成虫刺吸枝、叶汁液，排泄蜜露常诱致煤污病发生，削弱树势重者枝条枯死。

防治方法：可喷施 2.5% 敌杀死或功夫乳油 4000~5000 倍液、10% 氯氰菊酯乳油或 20% 杀灭菊酯乳油 3000 倍液防治。

六、'豫乔1号'蜡梅

树　　　种：蜡梅

学　　　名：*Chimonanthus praecox* 'Yuqiao NO. 1'

类　　　别：优良品种

通过类别：审定

编　　　号：豫 S-SV-CP-050-2018

证书编号：豫林审证字 587 号

申　请　者：河南省林业科学研究院、鄢陵县林业科学研究所

选育人：王安亭　丁鑫　白保勋　郭庆华　王文战　尚苗苗　王珂

【品种特性】　实生选育品种。枝条灰褐色，无毛或被疏微毛，有皮孔；鳞芽通常着生于第二年生的枝条叶腋内，芽鳞片近圆形，覆瓦状排列，外面被短柔毛。叶革质，卵圆形、椭圆形，顶端急尖至渐尖，除叶背脉上被疏微毛外无毛。花着生于第二年生枝条叶腋内，先花后叶，花碗形，花径 1.9~2.5cm，中部花被片 9 枚，黄色，长椭圆形，长 1.4~1.8cm，宽 0.6~0.9cm，先端尖，平直；内花被片 9 枚，长 0.6~1.3cm，宽 0.5~0.7cm，外侧条状红色花纹，卵形，基部有爪，雄蕊 8 个，花丝有时被柔毛，与花药近等长，花药近白色，花药向内弯不明显，无毛，花柱及柱头无毛；果纺锤形，含种子 7~9 枚，肾形，周围领状隆起。1 月 26 日左右花蕾开始萌动，2 月 1 日左右进入初花期，盛花期 2 月 8~25 日，末花期 3 月 2 日前后，开花持续天数 30 多天，然后进入结果期，6 月果实成熟。

【主要用途】　园林观赏植物，也可作为家庭园艺插花。

【适宜种植范围】　河南省蜡梅适生区。

【栽培管理技术】　以嫁接繁殖为主，采用切接或腹接均可，成活率可达90% 以上。栽植时间一般为秋、春季，秋季落叶后至封冰前，春季土壤解冻后至萌芽前。栽植密度根据苗木规格和培育目的而定，苗木米径大于6cm 的，株行距 3m×3m 为宜，苗木米径小于6cm 的，株行距宜 1.5m×1.5m。一般情况下，应随起苗随栽植，最好带土球移栽。苗木栽植要整好地、挖大坑、施足有机肥、栽后浇透水、高封土。生长期要及时中耕除草，剪除根基萌条，雨季注意排涝防积水。具体技术参考'豫红1号'蜡梅。

【病虫害防治】　较少有病害和虫害发生。蚜虫危害时可喷施乐果或烟草石灰水等防治。透翅蛾、夜蛾可用 50% 杀螟松乳油 1000 倍液喷杀。

七、'豫素1号'蜡梅

树　　种：蜡梅

学　　名：_Chimonanthus praecox_ ' Yusu NO. 1 '

类　　别：优良品种

通过类别：审定

编　　号：豫 S-SV-CP-051-2018

证书编号：豫林审证字 588 号

申 请 者：河南省林业科学研究院、鄢陵县林业科学研究所

选 育 人：沈植国　　岳长平　　孙萌　　毕巧玲　　汪世忠　　程建明　　尚忠海

【品种特性】　实生选育品种。蜡梅幼枝灰褐色，无毛或被疏微毛。芽鳞片近圆形，覆瓦状排列，外面被短柔毛。叶纸质或近革质，椭圆形，顶端急尖至渐尖，叶背脉上被疏微毛。先花后叶，花碗形，花径 2.3～2.9cm；中部花被片10～12 枚，深黄色，椭圆形，长 1.1～1.6cm，宽 0.5～0.8cm，先端钝，外曲；内花被片 6～7 枚，长 0.6～1.1cm，宽 0.4～0.7cm，深黄色，椭圆形至卵形，基部有爪；雄蕊 7～8 个，花丝有时被柔毛，与花药近等长，花药近白色，向内弯曲，果托钟形，果实含种子 7～9 枚，肾形。1 月 26 日左右花蕾开始萌动，1 月31 日左右进入初花期，盛花期 2 月 7～28 日，末花期 3 月 5 日前后，开花持续天数将近 40 天，然后进入结果期，6 月果实成熟。

【主要用途】　主要作为园林观赏植物，也可作为家庭园艺插花类型。

【适宜种植范围】　河南省蜡梅适生区。

【栽培管理技术】　以嫁接繁殖为主，采用切接或腹接均可，成活率可达90% 以上。栽植时间一般为秋、春季，秋季在落叶后至封冰前，春季在土壤解冻后至萌芽前。栽植密度根据苗木规格和培育目的而定，苗木米径大于6cm 的，株行距 3m×3m 为宜，苗木米径小于6cm 的，株行距宜 1.5m×1.5m。一般情况下，应随起苗随栽植，最好带土球移栽。苗木栽植要整好地、挖大坑、施足有机肥、栽后浇透水，高封土。生长期要及时中耕除草，剪除根基萌条，雨季注意排涝防积水。具体技术参考'豫红 1 号'蜡梅。

【病虫害防治】　较少有病害和虫害发生。蚜虫危害时可喷施乐果或烟草石灰水等防治；透翅蛾、夜蛾可用 50% 杀螟松乳油 1000 倍液喷杀。

八、'金花叶'北美枫香

树　　种：北美枫香

学　　　名：*Liquidambar styraciflua* 'Variegata'

类　　　别：引种驯化品种

通过类别：认定(有效期限5年)

编　　　号：豫 R-ETS-LS-002-2018

证书编号：豫林审证字591号

申 请 者：河南名品彩叶苗木股份有限公司

引 种 人：王华明　郑芳　潘娜　杨谦　王联营　牛文魁　曹倩

【品种特性】　引种驯化品种。落叶乔木，树高可达15~30m，冠幅约为株高的2/3，叶片5~7裂，互生，长10~18cm，叶柄长6.5~10cm，春夏季节叶片绿色，嵌不规则金色斑块或斑点；秋季紫色或红色。落叶晚，在部分地区叶片挂树直到翌年2月；头状花序单生。树液有芳香。花期3~4月，果10月成熟。

【主要用途】　观赏树种，主要用于园林绿化。

【适宜种植范围】　河南省北美枫香适生区。

【栽培管理技术】

1. 苗木繁殖

'金花叶'北美枫香主要用嫁接繁殖，用北美枫香实生苗做砧木，在春季采用嵌芽接或枝接，接后加强管理。

(1)砧木培育

●种子采集和处理。枫香10月下旬果实成熟。果序球形，蒴果。每一蒴果仅有1~2枚可孕的黑色种子，顶端具倒卵形短翅，不孕种子为黄色，较淡，无翅。果实成熟后开裂，种子易飞散。当果实内绿色变为黄褐色而稍带青色，尚未开裂时击落收集。采集后在阳光下晾晒3~5天，其间翻动两次，蒴果即可裂开。用细筛将杂质除去，得到纯净种子。种子装袋，置于通风干燥处储藏，或在1~5℃温度下层积砂藏。

●圃地选择与整地。育苗地应选择靠近水源，交通方便，土层深厚、疏松、肥沃，pH值5.5~6.0的砂质壤土。土壤过于粘重时，幼苗易发生根腐病。

2月底至3月初，将苗圃地翻耕整地。最后一次耙地时，每亩施复合肥50kg及熟腐的饼肥50kg作为基肥。

●播种。枫香播种可冬播也可春播，冬播较春播发芽早而整齐。枫香种子小，千粒重为3.2~5.6g，播种量为每亩0.5~1.0kg。条播行距为20~25cm，沟底宽为6~10cm，播种时将种子均匀撒在沟内，然后可用筛子筛一些细土覆在种子上，以略微看到种子为度，并在其上覆一层稻草。也可不覆土，直接在苗床上覆盖稻草，用棍子将草压住，以防风吹。苗木出土前要做好保护工作，防止鸟兽为害。

●苗期管理。

①适时揭草：播种后25天左右种子开始发芽，45天幼苗基本出齐。场圃发芽率平均为35.6%。幼苗基本出齐时要及时揭草。揭草最好分两次进行，第一次揭去一半，5天后再揭另一半。

②间苗补苗：揭草后，幼苗长至3~5cm时，选阴天或小雨天及时间苗和补苗。用竹签移出较密的苗，去泥，放在ABT生根粉溶液中浸根1~2分钟，再按8cm×12cm的株行距栽于缺苗的苗床上，然后浇透水即可。间苗后，每平方米保留枫香苗70~80株。

③施肥与排灌：幼苗揭草后40天左右，适当追施一些氮肥。第一次追施浓度要小于0.1%，以后视小苗生长情况，每隔1个月左右追肥一次，浓度不高于0.5%。整个生长季节施肥2~3次。前期可施些氮肥，后期可施些磷、钾肥。施肥应在下午15:00以后进行。下雨时要及时排除苗圃地的积水，防止烂根。天气持续干旱要进行浇灌。

④松土除草：在苗木生长期间要及时松土除草。苗小时一定要用人工拔草。枫香苗木长到30cm以上时，可用除草剂进行化学除草，但应慎重选择除草剂品种，严格按使用说明操作，以免产生药害。

⑤苗木定植：北美枫香小苗耐阳性较差，芽苗移植宜在阴天或晴天傍晚进行，定植后应及时遮荫。一年生苗木可高达60cm，地径0.7cm以上。大苗培育选择土层深厚、土壤肥沃的圃地，精细整地。施足基肥，定植株行距1m×1m，即每亩667株。

(2)苗木嫁接　苗木嫁接一般在春季3~4月份进行。选取一年生枫香实生苗做砧木，选取'金花叶'北美枫香生长健壮的一年生枝条做接穗。

●嵌芽接。嵌芽接又称带木质部芽接。在接条上选取饱满芽切削芽片。切削芽片时，自上而下切取，在芽的上部1~1.5cm处稍带木质部往下切一刀，再在芽的下部1.5cm处横向斜切一刀，即可取下芽片，一般芽片长2~3cm，宽度不等，依接穗粗度而定。砧木的切法是在选好的部位自上向下稍带木质部削一与芽片长宽均相等的切面。将此切开的稍带木质部的树皮上部切去，下部留有0.5cm左右。接着将芽片插入切口使两者形成层对齐，再将留下部分贴到芽片上，用塑料带绑扎好即可。

●枝接。枝接常采用劈接法。截取接穗长3~5cm，接穗上保留2~3个饱满芽。将砧木在离地面5~10cm处锯断，用劈接刀从其横断面的中心直向下劈，切口长约3cm，接穗削成楔形，削面长约3cm，接穗外侧要比内侧稍厚。接穗削好后，把砧木劈口撬开，将接穗厚的一侧向外，窄面向里插入劈口中，使两者的形成层对齐，接穗削面的上端应高出砧木切口0.2~0.3cm。当砧木较粗时，可同时插入2个或4个接穗。一般不必绑扎接口，但如果砧木过细，夹力不够，可用塑料薄膜条或麻绳绑扎。为防止劈口失水影响嫁接成活，接后可培土覆盖或用接蜡封口。

2. 栽培管理

(1)土壤选择　'金花叶'北美枫香宜选择地势平坦、疏松肥沃，排水良好的微酸性及中性土壤种植。

(2)水分管理　'金花叶'北美枫香在湿润且排水良好的土壤中生长迅速，所以在天气干燥的情况下，需及时补充水分。5~8月是苗木生长旺期，需加强水分管理，土壤持水量保持在50%~60%，7~8月加大土壤持水量，保持在70%~75%。

雨季持续下雨时要及时排除苗圃地积水，防止苗木烂根。

(3)施肥　移栽成活后要及时叶面追施氮肥。追肥时间视土壤肥力而定，对较肥沃的土壤，可在移栽成活后30~40天开始追肥，反之可在15~20天就开始追肥。第一次追肥浓度要小于0.1%，以后视小苗生长情况，每隔1个月左右追肥一次，浓度不高于0.5%，整个生长季节施肥2~3次。定植大苗施肥前期以氮肥为主，后期可增施磷、钾肥，促进苗木粗壮，根系发达。8月上旬以前以氮肥为主，可亩施尿素50kg，8月下旬至9月施肥以复合肥为主，每亩施20~30kg或腐熟有机肥250~300kg；并在每年晚秋时施足底肥，保证来年生长肥力充足。

(4)中耕除草　在生长期间要及时中耕除草，保持土壤疏松和无杂草。一般在雨后或浇水后中耕，防止土壤板结，保持疏松湿润。中耕深度为10cm左右。杂草容易吸收土壤中养分，影响苗木生长，要及时除草。

(5)整形修剪　每年对下部的枝条进行剪除，侧枝一般不做修剪，只有进行大树造型时才根据需要进行适当修剪。

(6)大苗培育　大苗培育株行距定植1.5m×2m，抽行后3m×2m。经过3年左右的培育，可达苗高3m，胸径8cm绿化工程用苗规格。

【病虫害防治】

(1)病害防治　苗期常见病害有猝倒病、根腐病等，一般情况下每隔10~15天喷施一次广谱性杀菌剂，即可达到杀菌保护作用。

大苗发病较少，常见病害有枯萎病，只有在过于干旱时才发病。预防方法一般在栽植时适当加大行距，干旱时注意及时浇水并加强肥水管埋，增强树体抗性。发病时可用30%噁霉灵水剂1000倍液喷施或浇灌根部防治。

(2)虫害防治　虫害主要有蚜虫、刺蛾、介壳虫等。

①蚜虫：蚜虫大多发生在春季，可喷洒10%吡虫啉可湿性粉剂1500~2000倍液防治。

②刺蛾：可用40%乙烯甲胺磷或40%氧化乐果每隔一周喷一次，连续喷

2~3 次即可杀死害虫。也可喷洒 20% 叶虫净水剂 1000 倍液防治。

　　③介壳虫：植株危害不严重时，可用竹片刮除虫体。在若虫盛期可用 40% 乙烯甲胺磷或 40% 氧化乐果每周喷一次，连续喷 3~4 次即可杀死害虫。也可喷洒 40% 速扑杀乳油 1000 倍液防治。

九、'金帅'木瓜

树　　种： 木瓜
学　　名： *Chaenomeles sinensis* 'Jinshuai'
类　　别： 优良品种
通过类别： 审定
编　　号： 豫 S-SV-CS-012-2016
证书编号： 豫林审证字 478 号
申 请 者： 国家林业局泡桐研究开发中心

【品种特性】 辐射育种。树冠圆润。枝无刺。花量大，色彩鲜艳，粉红色。叶秋季鲜红色。果实长圆形，果个较大、单果重 1420g 左右，果皮光滑、大小年现象不严重，平均单株产量 40~50kg。

【主要用途】 观赏树种；果实成熟时金黄色，加工后可食用。

【适宜种植范围】 河南省木瓜适生区。

【栽培管理技术】 选择向阳、排水良好的砂质壤土为宜，栽植密度 3m×3m 或 3m×4m。秋季施肥，在树冠投影处挖穴追施农家肥，4 月底追施复合肥一次，每亩 25kg。一般培养成自然圆头形树冠，既优美，又能保证结果量。主干定干高度 80cm 左右，形成 3 个均匀排列的一级主枝，待主枝生长达到 80cm 左右时，在主枝 50cm 处进行短截，培养 6~8 个以上的二级主枝，二级主枝形成后，仅疏去过密枝、徒长枝即可形成圆满的树冠。具体技术参考《河南林木良种》(2018)'圆香'木瓜。

【病虫害防治】 防治叶斑病和炭疽病，应注意彻底清理果园，销毁枯枝、落叶和病果。谢花后至新梢生长期，喷 1:2:240 倍波尔多液，或 50% 多菌灵 800 倍液，15 天喷 1 次，连喷 3~4 次。防治梨小食心虫，当卵果率达到 1.5%~3% 时开始喷 25% 灭幼脲 3 号 1000~2000 倍液，或 20% 杀铃脲 8000 倍液防治；萌芽前刮除树干老皮并烧毁，人工剪除被害枝梢和利用糖醋液或性诱剂诱杀成虫。对危害叶片的各种害虫，要做好虫情测报和防治工作。

十、'园博荣光'月季

树　　种： 月季

学　　名：*Rosa chinensis* 'Expo Glory'

类　　别：优良品种

通过类别：审定

编　　号：豫 S-SV-RC-052-2018

证书编号：豫林审证字589号

申 请 者：郑州植物园

选 育 人：宋良红　姜正之　杨志恒　郭欢欢　赵建霞　侯少沛　付夏楠

【品种特性】　杂交选育品种，母本'无条件的爱'，父本'克莱尔奥斯汀'。属微型月季，花型独特，为莲花纽扣型，花瓣玫红色，花瓣数为125~130枚，花径4.5~5cm，花梗较短；小叶5~7片，卵圆形，深绿色，叶表面有光泽，叶缘复锯齿；枝条密被皮刺；花期长，主花期为4~5月，夏秋季节也可开花。

【主要用途】　观赏植物，可作为地被栽植或盆栽。

【适宜种植范围】　河南省月季适生区。

【栽培管理技术】　扦插苗的培育需要选择富含有机质的疏松土壤或基质栽培，采用高畦双行栽培模式。畦底宽1.2m，畦面宽1.0m，沟宽0.4m，畦高0.25m，畦长6.0m，株距为20~60cm，每平方米4~9株苗。苗期管理在修剪方面需要在花期控制修剪，特别是花后及时剪除残花，可促进新枝生长，增加花蕾，延长观赏期；越冬整形修剪需于11月中上旬以后休眠前进行，根据生长空间保留健壮枝条。做好白粉病及黑斑病的预防工作，4~5月应及时清除病叶和病枝，并喷施3~5波美度石硫合剂等，若雨水过多，应相应增加喷药次数，雨季应注意排涝；花期增加浇灌次数，越冬前要进行冬灌；施肥主要是根外追肥，特别是冬春萌发前，追施腐熟有机肥或者复合肥，生长季节要多次追肥。具体技术参考《河南林木良种(二)》(2013)'东方之子'月季。

十一、'红线菊'桃

树　　种：桃

学　　名：*Amygdalus persica* 'Hongxianju'

类　　别：优良品种

通过类别：审定

编　　号：豫 S-SV-PP-025-2017

证书编号：豫林审证字530号

培 育 者：中国农业科学院郑州果树研究所

【品种特性】　杂交品种。花为菊花型，花瓣红色，花朵直径3.5cm，花瓣1轮，皱缩，花瓣5片，花丝红色，约34~41条，花药橘黄色，有花粉，雌蕊1

枚，雌蕊与雄蕊等高，花萼1层，5片，萼筒内壁浅黄色。3月20日左右开花，开花持续期8天。

【主要用途】 观赏品种。

【适宜种植范围】 在满足需冷量650小时地区均可栽培。

【栽培管理技术】 栽植时应选择阳光充足、通风良好的地方。耐旱忌涝，在排水良好的沙壤土上生长良好，在微酸至微碱性土上都能栽培。生长势旺盛，要实现当年大量成花，盆栽时在夏季应通过摘心、拉枝、扭枝方法，前期促进分枝，后期控制旺长，必要时叶面喷施15%的多效唑200倍液，可提高成花量。花芽分化之前，应结合浇水，增施磷钾肥量，以提高花芽质量及数量。反季节生长时，注意掌握升温时间，合理控制温度、湿度。一般升温后温室温度控制在白天不高于25℃，夜间以5~8℃为宜，湿度控制在60%左右。具体技术参考《河南林木良种》（2008）'探春'桃。

【病虫害防治】 在花芽膨大期，应喷洒石硫合剂，以降低蚜虫、介壳虫及一些真菌类的侵害。

十二、'粉线菊'桃

树　　种：桃

学　　名：*Amygdalus persica* 'Fenxianju'

类　　别：优良品种

通过类别：审定

编　　号：豫 S-SV-PP-026-2017

证书编号：豫林审证字531号

培　育　者：中国农业科学院郑州果树研究所

【品种特性】 杂交品种。花为菊花形，花瓣粉红色，花朵直径3.8cm，花瓣1轮，皱缩，花瓣数5片，花丝粉红色，约35~37条，花药橘红色，有花粉，雌蕊1枚，雌蕊与雄蕊等高，花萼1层，5片，萼筒内壁浅黄色。3月中下旬开花，开花持续期10天。

【主要用途】 观赏品种。

【适宜种植范围】 在满足需冷量600小时地区均可以栽培。

【栽培管理技术】 同'红线菊'桃。具体技术参考《河南林木良种》（2008）'探春'桃。

【病虫害防治】 同'红线菊'桃。

十三、'粉垂菊'桃

树　　种：桃

学　　名：*Amygdalus persica* 'Fenchuiju'

类　　别：优良品种

通过类别：审定

编　　号：豫 S-SV-PP-027-2017

证书编号：豫林审证字 532 号

培 育 者：中国农业科学院郑州果树研究所

【品种特性】　杂交品种。花为菊花型，花瓣粉红色，花朵直径 3.9cm，花瓣 1 轮，皱缩，花瓣数 5 片，花丝粉红色，约 37~42 条，花药橘红色，有花粉，雌蕊 1 枚，雌雄蕊高度比高低不等，花萼 1 层，5 片，萼筒内壁黄色。约 3 月 19 日始花，末花期约 3 月 26 日，开花持续期 8 天左右。

【主要用途】　观赏品种。

【适宜种植范围】　在满足需冷量 600 小时地区均可以栽培。

【栽培管理技术】　花芽分化之前，应结合浇水，增施磷钾肥量，以提高花芽质量及数量；花芽膨大期，及时喷洒石硫合剂，以降低蚜虫、介壳虫及一些真菌类的侵害。盆栽时因其生长势较旺盛，成枝量较多，为了不影响花芽质量，因注意夏季疏枝管理，必要时结合生长调节剂，增加成花量，如可以在 6 月底到 7 月初，叶面喷施 15% 的多效唑 200 倍液 1~2 次。为了促进春节开花，可以适当放轻夏季修剪，同时秋后采取遮荫措施，使树体提前进入休眠期，进入休眠期之后，适当缩短白天日照时间，同时结合脱落酸类物质的使用，加快休眠期间花器官内的生理生化代谢。休眠期结束之后，为了迎合上市时间，应通过控制扣棚时间以及棚内的温湿度，达到调节花期的效果。一般情况下白天温度控制在 20~25℃，夜间温度控制在 5~8℃，湿度控制在 60% 左右，升温 30 天即可开花。具体技术参考《河南林木良种》(2008) '探春' 桃。

十四、'万重粉'桃

树　　种：桃

学　　名：*Amygdalus persica* 'Wanchongfen'

类　　别：优良品种

通过类别：审定

编　　号：豫 S-SV-PP-028-2017

证书编号： 豫林审证字 533 号

培　育　者： 中国农业科学院郑州果树研究所

【品种特性】 杂交品种。花为蔷薇型，花瓣粉红色，花朵直径 5.3cm，外围花瓣张开，蕊部花瓣内卷、皱缩，花瓣数 80~90 片，花丝粉白色，约 50~60 条，花药橘红色，花粉极少，雌蕊 2~3 枚，雌蕊比雄蕊高，花萼 2 层，10 片，萼筒内壁绿白。4 月 1 日左右始花，末花期 4 月 10 日至 4 月 15 日，开花持续期 10~15 天。

【主要用途】 观赏品种。

【适宜种植范围】 在满足需冷量 1000 小时地区均可以栽培。

【栽培管理技术】 栽植株行距为 4m×5m 或 3m×4m，每公顷植 500~840 株。栽植时期从落叶后至萌芽前均可。桃树不可连作，否则幼树长势明显衰弱、叶片失绿、新根变褐且多分叉、枝干流胶。这种忌连作现象在砂质土或肥力低的土壤表现严重。主要原因是前作残根在土中分解产生苯甲醛和氰酸等有害物质，抑制、毒害根系，同时还与连作时土壤中的线虫增殖、积累有关。夏季修剪，通过扭枝、疏枝以控制树势。冬季修剪，通过短截、疏枝及回缩等修剪方式，整理成特定的树体结构。具体技术参考《河南林木良种》(2008)'探春'桃。

【病虫害防治】 花芽膨大期喷施石硫合剂，以减轻蚜虫、介壳虫及真菌类虫害的危害。

十五、'嫣粉娇香'桃

树　　种： 桃

学　　名： *Amygdalus persica* ' Yanfenjiaoxiang'

类　　别： 优良品种

通过类别： 审定

编　　号： 豫 S-SV-PP-029-2017

证书编号： 豫林审证字 534 号

培　育　者： 鄢陵县林业科学研究所、许昌市林业工作站

【品种特性】 实生选育品种。蔷薇型，重瓣，花蕾红色，花瓣粉红色，开花过程中期，外围花瓣张开，蕊部花瓣内卷，似绢花状，花径平均 3.36cm，花瓣 5~6 轮，平均 28 片，中层花瓣长 1.20cm，宽 1.05cm，花粉偏少，香味浓。始花期 3 月 10 日，盛花期 3 月 16 日，末花期 4 月 8 日，开花持续天数 30 天。

【主要用途】 观赏品种。

【适宜种植范围】 在满足需冷量 550~600 小时地区均可以栽培。

【栽培管理技术】 适宜露地栽培，为促进成花，夏季应多次摘心，增加分

枝量，使树型紧凑，促进成花。定干高度约60cm，留3~4主枝，主枝开张角度50°~60°，每主枝酌情保留1~2副主枝，在主枝和副主枝上尽量少留小枝。修剪时期有冬季修剪与夏季修剪。初植后3~4年，需采用抹芽、摘心、扭梢等夏剪措施，以抑强扶弱，保持树体平衡；后期树势已趋缓和，徒长枝和二次枝显著减少，中、短果枝比例增加，须以短截为主，并删除过密枝和先端强枝，改善梢间光照条件；要及时更新衰弱枝。具体技术参考《河南林木良种》（2008）'探春'桃。

十六、'鸳鸯'桃

树　　种：桃

学　　名：*Amygdalus persica* 'Yuanyang'

类　　别：优良品种

通过类别：审定

编　　号：豫S-SV-PP-030-2017

证书编号：豫林审证字535号

培 育 者：洛阳农林科学院、孟津县中老年园艺创作园、孟津县林业技术推广站

【品种特性】　实生选育品种。花色艳丽，重瓣，花瓣4~6层，23~39片，花径4~5.5cm。盛花期3月下旬。果实对生，单果重120~50g，果汁多，香味浓，含糖量11%~16%。桃核较大，黏核。初花3月15~20日，盛花3月25~29日，末花期3月底至4月初。果实成熟期为8月中旬。

【主要用途】　观赏兼果实食用。

【适宜种植范围】　河南省观赏桃适生区。

【栽培管理技术】　定植时间以落叶后的11月中旬定植为好。栽植密度每亩55株，可根据具体情况安排距离。树形以主干形为主。关键是定干后主枝、副主枝的培养和配置。该品种开花量大，坐果率高。其管理以观赏为主时，先不疏花，待坐果后，可疏去过密的小果。疏果工作一般在5月下旬前完成。果枝留果量长果枝3个，中果枝2个，短果枝1个，光照条件好的长果枝可留4个，树冠内膛的长果枝宜留2个。疏去过密果、病虫果等。具体技术参考《河南林木良种》（2008）'探春'桃。

十七、'金叶'刺槐

树　　种：刺槐

学　　名：*Robinia pseudoacacia* 'GoldenLocust'

类　　别：引种驯化品种

通过类别：认定(有效期限5年)

编　　号：豫R-ETS-RP-003-2018

证书编号：豫林审证字592号

申请者：河南名品彩叶苗木股份有限公司

引种人：王华明　邵明丽　高小云　魏奎娇　聂晨曦　邵明春　康战芳

【品种特性】　引进品种。阔叶落叶乔木。树冠伞形，浓密。树皮灰褐色，干皮纵深开裂。枝条直，斜展，具托叶刺，当年生枝黄褐色，无毛或幼时具微柔毛，侧枝粗度中。奇数羽状复叶，互生，具9~19片小叶，小叶柄长约2cm，被短柔毛，叶片卵形或卵状长圆形，长2.5~5cm，宽1.5~3cm，基部广楔形或近圆形，先端圆或微凹，具小刺尖，全缘，春季叶黄色，夏季黄绿色，秋季橘黄色。总状花序腋生，花冠白色，芳香。荚果扁平，中等大小。4月至5月开花，9月果实成熟。

【主要用途】　观赏树种，主要用于园林绿化，亦可作用材树种。

【适宜种植范围】　河南省刺槐适生区。

【栽培管理技术】

1. 繁殖方式

主要繁殖方式是嫁接。嫁接繁殖用刺槐做砧木，春季枝接或带木质部芽接，秋季以芽接为主。

2. 栽培管理技术

移栽宜在秋季落叶后或春季萌芽前，移栽成活率高。在冬春季多风比较干燥寒冷地区，可在秋季或早春截干栽植，在气候比较温暖湿润而风少的地方可带干栽植，以芽似萌动时成活率高。

浇水要适量，金叶刺槐怕涝，雨季要及时排水，防止苗木根系腐烂。要合理追肥，促进苗木快速生长。苗期追肥一次，在7月上、中旬进行。每667m² 追施硫酸铵15~20kg，施肥后要浇一次水，7月下旬停止追肥和浇水，防止苗木徒长，影响苗木木质化。

育苗地要保持土壤疏松和无杂草。在苗木生长前半期，每隔半月左右进行一次松土除草，在苗木生长后半期，每隔30天进行一次松土除草，一般在浇水后和雨后进行。

'金叶'刺槐树冠浓密，叶色金黄，适宜道路、公园、庭院绿化，因此应根据绿化用途定干整形修剪，培养良好的树形。具体技术参考《河南林木良种》(2008)'豫刺槐1号'。

【病虫害防治】

主要害虫有槐蚜、小皱蛾、刺槐尺蠖等，可有针对性地进行防治，如发生蚜虫可用10%蚍虫林1500～2000倍液喷雾，如发生蝶蛾类害虫可用菊脂类或阿维菌素1500～2000倍液喷雾防治。

十八、'黄金'楝

树　　　种：楝树

学　　　名：*Melia azedarach* 'Huangjin'

类　　　别：优良品种

通过类别：审定

编　　　号：豫S-SV-MA-011-2016

证书编号：豫林审证字477号

申　请　者：商丘市中兴苗木种植有限公司、河南省农业科学院园艺研究所、虞城县农业科学研究所

【品种特性】　变异品种。叶片从春天发芽开始为绿黄色，夏季依次为浅黄绿色、黄绿色，秋季落叶前浅绿黄色，色彩靓丽，观赏效果好。

【主要用途】　观赏树种。

【适宜种植范围】　河南省楝树适生区。

【栽培管理技术】　'黄金'楝繁殖可采用根插和嫁接育苗方式，其中根插株行距为20cm×60cm，每667m²可生产幼苗5600株，成活率可达80%以上；嫁接繁育株行距为40cm×80cm，以苦楝一年生实生苗为砧木，每667m²可生产幼苗2080株，成活率可达90%以上。

用2年生以上苗木进行造林。造林地要选择土层深厚、土壤肥沃的土壤，精耕细作，施足基肥，同时做好土壤的消毒和灭虫工作。具体技术参考《河南林木良种(三)》(2016)苦楝。

十九、'红梢'重阳木

树　　　种：重阳木

学　　　名：*Bischofia polycarpa* 'hongshao'

类　　　别：优良品种

通过类别：认定(有效期5年)

编　　　号：豫R-SV-BP-008-2016

证书编号：豫林审证字466号

申 请 者： 河南林业职业学院

【品种特性】 选择育种。落叶乔木，树干通直，冠形圆满，树冠伞形状，大枝斜展，小枝无毛，当年生枝绿色。三出复叶，顶生小叶通常较两侧的大，小叶片纸质，卵形或椭圆状卵形，边缘具钝细锯齿。春梢、夏梢和秋梢红色，与同株的绿叶相映，艳丽夺目。

【主要用途】 观赏树种。

【适宜种植范围】 河南省黄河以南重阳木适生区。

【栽培管理技术】

1. 苗木培育

(1)种实采集与处理　重阳木根系发达，萌芽能力强，造林成活率高。因此，多用播种法进行繁殖。选取生长健壮、干形通直、树冠浓郁、无病虫害、结实多年、果实饱满、处于壮龄的优良单株作为采种母树。重阳木果实于 11 月成熟，在果实呈现红褐色后采收，用水浸泡 6 小时以上，然后搓烂果皮，淘洗出种子，晾干后用布袋包装于室内贮藏或在室外用河沙层积贮藏。

(2)种子催芽　2 月初将种子置于 45℃左右的温水内，浸泡 6 小时以上，取出用河沙湿藏，覆盖薄膜催芽。

(3)苗圃选择与整地　苗圃地要选择地势平坦、避风开阔、阳光充足、水源方便、土质疏松、肥沃、土层深厚、土壤 pH 值 6.5～7.5、排水好、便于运输的地块作苗圃地。栽培土质以肥沃的砂质壤土为宜。

苗圃整地一般在育苗的上年冬季进行。要求对苗圃地进行深翻越冬使土壤冻化，消灭杂草和病虫。翌年 2～3 月再进行翻地，并除净杂物，做床。苗床按南北向，深挖碎土，床面宽 1.2m，高 30cm，步道宽 0.3m，长 10m 左右。在苗床上薄撒一层钙镁磷肥 750kg/hm² 或者腐熟牲畜肥 3750kg/hm²。

(4)播种　一般采用大田条播育苗。3 月中旬，在播种前用 50% 多菌灵 800 倍液对苗床消毒，当种子胚根长到 1cm 时，开始播种。播种时，断去部分胚根，按行距 20cm、株距 10cm 进行条播，每亩播种量 2～2.5kg。播后盖 0.5cm 厚的细土，上盖草，淋透水，并搭建 2m 高的 90% 遮阳棚，以保证其幼苗不受日灼危害。

(5)间苗、移苗　播种后 20～30 天幼苗开始出土，发芽率 70% 左右。当幼苗长到 3 片真叶时开始间苗，间苗在阴雨天进行为好，要间小留大，去劣留优，间密留稀，保证充分光照，并注意病虫害防治，等苗高长到 0.2m 左右时(5 月)即可移苗种植。移苗株行距 20cm×50cm。在阴天和无风天进行。

(6)松土除草　苗木移植后，要及时松土除草，保持苗圃整洁干净，苗床和苗圃周围无杂草，根系生长完整。

(7)水肥管理

●施肥。以有机肥为主，保持或增加土壤肥力及土壤生物活性。有机肥(农家肥)无论采用何种原料(包括人畜禽粪、秸秆、杂草、泥炭土等)作堆肥，必须高温发酵腐熟，以杀灭各种寄生虫卵、病原菌、杂草种子、去除有害有机酸和有害气体，使之达到无害化卫生标准。

苗木栽植后1个月，可淋氮水肥，将含纯氮46%的尿素配成0.5%的浓度浇行中间。以后每月浇1次，浓度可适当提高。10月淋1%复合肥或者0.2%磷酸二氢钾，以增强苗木木质化。

●水分管理。要保持苗床湿润。但不能过湿；苗木根系长出以后，注重保持空气湿度，苗圃地要保证通风良好，日照需充足，减少病虫害的发生。幼株需水较多，不可放任干旱。

(8)苗木出圃 重阳木苗木生长快，一般苗木培养1年。苗高达到1.0m以上即可出圃。一级苗地径1cm、苗高1.5m以上；二级苗地径0.8m，苗高1.2m以上；三级苗地径0.6m，苗高1.0m以上。

苗木出圃原则上在苗木休眠期进行。若芽苞开放后起苗，会降低成活率。苗木出圃前，要做好炼苗工作，9月以后要撤除遮阳网，适当减少苗床水分。起苗时选无病虫害、有顶芽的小苗，注意保护根系，一般保留根长12~15cm。修根后放入50mg/kg ABT生根粉黄心土溶液中浆根，后用稻草包好根部。最好是当天起苗当天种植完。

若不能及时种植，可散置于通风遮光处，忌堆放和阳光直射。置放时间不能超过3天。需要运输的苗木必须保护好苗木根部和苗干，避免磨擦破皮或断根。长途运输要保证苗木透气，并保持苗木正常所需的水分，定时淋水。

2. 园林绿化栽植技术

(1)栽植密度 重阳木作行道树时，栽植株距为5~8m。重阳木作庭荫树时常孤植。重阳木作风景林时，栽植密度2.5~3.0m×3.0~4.0m。

(2)种植地整理 按设计位置设点放线、挖种植穴。行道树树穴规格1.0m×1.0m，深度不少于80cm为宜；庭荫树及风景林树穴规格根据立地条件确定，一般穴径和深度不小于80cm。挖穴时应将表土、心土分别放置。土层较薄、黏重、砂砾土及垃圾填充区，应采取客土栽植。

(3)苗木准备 苗木需带全冠栽植，对树冠进行少量修剪，剪去病弱枝、重叠枝、下垂枝、劈裂枝等。

(4)栽植方法

●带土球栽植。带土球苗木栽植用"分层夯实"方法。即放苗前先量土球高度与种植穴深度，使两者一致；放苗时保持土球上表面与地面相平略高，位置要合适，苗木竖直；边填土边夯实，夯实时不能夯土球；最后做好树盘，浇透水；2~3天再一次浇水后封土。胸径8cm苗木全冠栽植树木应设立柱。

● 裸根栽植。裸根栽植采用"三埋二踩一提苗"方法。即把苗木放入种植穴后填土至穴深一半时，提苗使根颈处土印与地面相平或略高，踏实；再填土，踏实；再填土；最后筑围堰，浇水。

3. 防护林及荒山造林栽植技术

(1)栽植密度　栽植密度一般为 2.0~2.5m×3.0~3.5m。

(2)造林时间　春季造林，一般在早春土壤解冻后至萌芽前进行，宜早不宜晚。苗木栽植时应采取截冠措施。

秋冬栽植，栽植技术简单、成本低且成活率较高。秋冬季节应在秋季落叶后至冬季土壤封冻前栽植。苗木采用 2 年生大苗。

(3)抚育技术　重阳木幼时生长较快，应加强营造后的抚育管理，加快郁闭成林。造林后需连续抚育 5 年以上，每年抚育 1~2 次。抚育时每株施氮肥或复合肥 50~100g，查苗补缺，松土培穴，剪除根部萌蘖和基干下部徒长枝。

4. 抚育管护技术

(1)浇水　园林绿化重阳木每年在土壤封冻前浇一次越冬水，土壤解冻后浇一次解冻水，其他时间根据天气干旱情况而定。

(2)涂白　栽植后每年主干要涂白，高度 1m 左右。涂白剂配方可用水 10 份，生石灰 3 份，石硫合剂原液 0.5 份，食盐 0.5 份。

(3)抚育修剪　修剪时期主要在休眠期进行。重阳木抚育修剪，栽植目的不同修剪目的也不同。主要目的有改善光照、构建合理树体结构、调节生长间关系等。修剪对象主要是交叉重叠枝、干枯死亡枝、影响光照枝等。

【病虫害防治】

(1)茎腐病　发病初期，苗木茎基部变褐色，叶片失去绿色而发黄，稍下垂，顶梢和叶片逐渐枯萎，以后病斑包围茎基部并迅速向上扩展，全株枯死，叶片下垂，不脱落。

防治方法：①苗圃地选择在地势高的地方，防止积水，同时要挖好排水沟。②提早播种，施足基肥，使苗木生长健壮，尽快达到木质化程度。③搭棚遮荫，避免强光曝晒。④出现病害后应将病株除掉，并间隔 7~10 天用 50% 多菌灵 800~1000 倍液和 70% 甲基托布津 800 倍液间隔喷雾防治，连续 2 次。

(2)重阳木锦斑蛾　只为害重阳木，9 月中下旬开始为 3 代幼虫为害期，在 9 月底 10 月上旬可能会形成 3 代高龄幼虫危害高峰。其成虫体长 17~24 mm，翅展 47~70 mm。头小，红色，有黑斑。成虫白天在重阳木树冠或其他植物丛上飞舞，吸食补充营养。卵产于叶背。幼虫取食叶片，严重时将叶片吃光，仅残留叶脉等。

防治方法：

①林业综合措施防治：降低虫口基数。越冬前树干束草诱杀老熟幼虫；冬

季大面积绿化区域可结合清园、松土等管理措施消灭越冬虫态；分散栽植的树木，可清理枯枝落叶；夏季 2~3 代老熟幼虫吐丝坠地，在枯枝落叶及石块墙角处结茧，可清除树下枯枝落叶及石块，集中烧毁，消灭虫茧。对于栖息于树干的成虫及由树干向下爬的幼虫，可直接捕杀。

②生物防治：重阳木锦斑蛾天敌主要有卵期的卵寄生蜂，幼虫期的绒茧蜂、姬蜂、伞裙追寄蝇和日本追寄蝇。施用低毒农药，合理保护利用天敌，实现生态控害。

③化学防治：化学药剂防治适期宜掌握在重阳木锦斑蛾低幼虫高峰期。每年 6 月（第一代幼虫期）可用 1.2% 苦烟乳油 800~1000 倍液、或 20% 除虫脲悬浮剂 5000~10000 倍液、或 20% 氯菁菊酯乳油 2000 倍液、或 25% 灭幼脲 3 号乳油 2000~3000 倍液、或阿维菌素 500~800 倍液喷雾防治；成虫飞蛾，可用 0.5% 甲维盐 1200 倍液、或 4.5% 宁虫素 1000 倍液对其出没地区进行喷洒；其他代幼虫期可喷洒 0.18% 森乐 1000 倍液、或 1.5% 抑虫啉 5000 倍液、或 0.1% 独定安 600 倍液、或 0.5% 大印 500 倍液、或 1% 甲维盐 2000 倍液防治。重阳木树高叶茂，喷药时一定要全面彻底，不能有遗漏。如果喷药后 24 小时内下雨，还要进行补喷。

二十、'新绿 1 号'丝棉木

树　　种：丝棉木
学　　名：*Euonymus bungeanus* 'Xinlv No. 1'
类　　别：优良品种
通过类别：认定（有效期 3 年）
编　　号：豫 R-SV-EB-002-2017
证书编号：豫林审证字 537 号
申 请 者：鄢陵新绿州园林绿化工程有限公司、河南农业大学林学院

【品种特性】　丝棉木耐寒性强，冬季低温条件下叶子基本不脱落，表现出四季常青的特性。

【主要用途】　园林绿化品种。

【适宜种植范围】　河南省丝棉木适生区。

【栽培管理技术】

1. 嫁接育苗

（1）砧木培育

●圃地选择与整地。圃地应选择土壤肥沃、湿润、排水良好的壤土或砂壤土。秋末将土壤进行深翻，整地时每公顷施入有机肥 6000~8000kg，翌春耙平、

整平，每亩均匀施硫酸亚铁 20kg，进行土壤消毒。做成 1m 宽的畦，然后浇透水一次，水渗后在土壤墒情合适时耧平耙细。

● 种子采集与处理。丝棉木果实 9 月末 10 月初成熟。采摘生长健壮、树形美观、无病虫害的中年母树上的蒴果，在阴凉处晾晒 4 天左右，并适时翻打，除掉果皮，取出带有红色假种皮的种子。将种子用温水浸泡 4 天左右，轻轻揉搓去除假种皮，然后将种子淘洗净晾干，层积贮藏后用于翌年春种。

● 播种时间。秋季播种种子不用处理，在封冻前直接播种。春季播种时间在 3 月中下旬至 4 月中上旬。

● 播种。播前用 0.3%~0.5% 的高锰酸钾溶液浸种 2 小时，进行种子消毒。浸后将种子捞出，再用清水浸泡 2 小时，除去空粒杂质，用湿沙堆藏催芽 10 天左右，待 30% 种子裂嘴时，即可播种。

一般采用条播，沟深 3~5cm，行宽 20~25cm。每亩播种量 3~5kg，将种子均匀撒入沟内，覆土厚度约 1cm，覆土后适当镇压。墒情适宜条件下 20 天左右出苗。

从播种到出苗，要专人看护，防止鸟鼠偷食。幼苗出土时，要及时洒水、灌水，并要遮荫。喷 1% 波尔多液 2~3 次，预防立枯病发生。如发现立枯病，应用 1%~3% 的硫酸亚铁喷洒，15 分钟后，再用清水冲洗苗木，以免发生药害。

● 间苗、补苗。间苗一般在子叶出现后，长出 1~2 对真叶时进行，过迟易造成苗木细弱。一般按三角形留苗，株距约 15cm。间苗的原则是"去弱留强、去密留稀、去病留壮"，结合间苗进行补苗。间苗可一次进行，也可数次完成。一般在浇水后或雨后土壤松软时间苗，拔除生长势弱或受病虫为害的幼苗，操作时注意勿伤邻近苗，同时除去杂草。然后适当镇压、灌水，使幼苗根系与土壤密接。

● 灌溉、追肥。根据土壤墒情适时、适量灌溉。在地上部分长出真叶至幼苗迅速生长前，适当控水，进行"蹲苗"。蹲苗后灌水 2~3 次，雨季灌溉量视降雨情况而定，生长后期减少灌水次数，防止苗木秋季贪青徒长，11 月初灌 1 次防寒水。结合浇水可追肥 2~3 次，苗木生长前期追施氮肥，促进苗木生长；生长后期追施磷、钾肥，增加苗木木质化程度。

● 中耕除草。适时中耕除草，防止杂草孳生及土壤板结，增加土壤透气性。松土结合除草进行，除草本着"除早、除小、除了"的原则。雨后和浇水后要及时松土保墒。一般当年苗高可达 1m 以上，2 年后可用于嫁接'新绿 1 号'丝棉木的砧木。

(2) 嫁接　春季 2 月树液尚未流动时，选择'新绿 1 号'丝棉木品种生长健壮、无病虫害的植株剪取接穗。接穗长 10~15cm，粗 0.5cm，保留 2~3 对饱满芽。然后湿土埋藏，或放入冰箱冷藏室中储藏。3~4 月树液开始流动时嫁接。

嫁接采用劈接。嫁接后用塑料带绑扎，待嫁接成活后及时松绑，及时除萌。嫁接成活或接穗生长很快，为防止风吹折断，应设支柱绑扶。

2. 扦插育苗

(1)穗条采集　插条的采集一般在秋季落叶后到春季树液流动前的休眠期进行，结合树体的冬剪进行，选择'新绿1号'丝棉木品种一年生生长健壮，充分木质化，无病虫害的枝条。

(2)插穗贮藏　春季硬枝扦插的需将枝条进行冬季贮藏。贮藏的方法是：将枝条剪成15cm左右，选择地势较高，排水良好的背阴处挖沟，沟宽1m，深度为60~80cm，长度依插穗的数量而定。先在沟底铺一层5cm厚的湿沙，将截制好的插穗每50枝一捆，分层放于沟内，当穗条放置到距地面20cm时，用湿沙填平，覆土成屋脊状，中间插一草把以利通气。

(3)插条处理　为提高插条的成活率，在扦插前6~8天，应用流水对插条进行浸泡，若为死水每天必须换水。当下切口处呈现明显不规则瘤状物时进行扦插。亦可用1%的蔗糖溶液浸泡24小时，能显著提高插条成活率。

(4)扦插技术　扦插前细致整地，施足基肥，使土壤疏松，水分充足。先用工具开孔，顺孔插入插穗，再封孔踏实，扦插深度为插条长度的2/3，株距20cm，行距40cm，插后浇透水。

(5)抚育管理

●架设荫棚。为保蓄土壤水分，减少灌溉次数，防止土壤板结，在扦插结束时，用塑料薄膜覆盖苗床，四周用土密封，上用遮阳网遮阳，避免阳光曝晒。若温度过高，湿度过大，将薄膜两端打开，使空气流通。一般3周左右即能生根，插条生根后，分批逐渐撤除覆盖物。

●灌溉。扦插后要保持插床湿润，及时供应插穗生根所需的水分。在幼苗期用小水、清水浇灌，以渗透苗床为度，切忌大水漫灌，以防幼叶粘泥，发生灼伤。一般每隔3~5天灌水1次，共计灌水2~3次。

●追肥。扦插40天后，为使苗木健壮生长，应追施速效性的肥料，如腐熟的人粪尿、尿素、硫铵、磷酸二氢钾等。要掌握分期追肥、看苗巧施的原则。

●松土除草。圃地除草从4月开始至9月结束，及时清除杂草。松土小苗宜浅，大苗宜深，一般松土深度2~4cm，后增加至8~10cm，苗木硬化期应停止松土除草。

3. 造林

造林整地采用穴状或水平带状整地。穴的大小为80cm×70cm×30cm。水平带宽0.8m，带间距1.2m，带内全面整地。用一年生嫁接苗或扦插苗造林，初植密度220株/亩。用生根粉、保湿剂处理苗木，可以提高造林成活率。

【病虫害防治】　丝绵木的主要虫害是丝棉木金星尺蠖(*Calospilos suspecta*

Warren），又名卫矛尺蠖。分布在华北、中南、华东、华北、西北、东北等地。寄主于丝棉木、大叶黄杨、扶芳藤。食叶害虫，常暴发成灾，短期内将叶片全部吃光。引起小枝枯死，或幼虫到处爬行，既影响绿化效果，又有碍市容市貌。

丝棉木金星尺蠖一年发生 3~4 代，以蛹在土中越冬。翌年 5 月成虫羽化，白天多栖息在树冠内、杂草丛中等背阴处。虽然成虫趋光性较弱，但黑光灯还可诱杀到部分成虫。夜间交配产卵，平均单蛾产卵 200 多粒，块状，排列较整齐，卵期约 5 天左右。幼虫共 5 龄。初孵幼虫体黑色，有群栖性，蜕 1 次皮后方见体背白细纹。三龄后食量增大，常把叶片食光，只留粗叶脉和叶柄。第四代幼虫始见于 9 月中、下旬。幼虫可吐丝下垂，转移为害。幼虫老熟后，沿树干下爬或吐丝下垂落地入土化蛹越冬。

防治方法：①人工防治：冬季倍剪等管理松土灭蛹；利用吐丝下垂习性，可震落收集幼虫捕杀。②灯光诱杀：采用黑光灯诱杀成虫。③生物防治：幼虫发生期，喷洒青虫菌液，每克含孢子 100 亿的可湿性粉剂的 100 倍液，杀虫效果达85％以上。④保护和利用天敌：如凹眼姬蜂、细黄胡蜂、赤眼蜂、两点广腹螳螂、白僵菌、小鸡和石龙子等 10 多种天敌。成片国槐林或公园内可进行释放赤眼蜂(卵寄生蜂)，其寄生率在 40%~77%。⑤化学防治：幼虫发生期，喷90％晶体敌百虫、50％杀螟松乳油、80％敌敌畏乳油 1∶1000 倍液，杀虫效果可达95％以上。

二十一、'火焰'文冠果

树　　种： 文冠果
学　　名： *Xanthoceras sorbifolia* 'Huoyan'
类　　别： 优良品种
通过类别： 认定(有效期 5 年)
编　　号： 豫 R-SV-XS-006-2016
证书编号： 豫林审证字 464 号
申　请　者： 河南省林业科学研究院、灵宝市九麟生态林开发有限责任公司、河南省林业技术推广站、三门峡市林业工作总站

【品种特性】　实生选育品种。花叶同放，花序为顶生或腋生总状花序，花瓣 5 枚，初绽时黄色，基部具橙黄色脉纹，随花开放颜色加深为橙红色至玫红色，花瓣上部边缘为狭窄白色的蚀齿状；花瓣倒长匙形，长 18~25mm，宽 6~10mm，盛花期花瓣反折，稀有开展而不反折，花径 2.5~3.3cm。自始花至落花花色自下向上不断泛红，整体花色纯净又有变化。

【主要用途】　观赏树种；种子可榨油。

【**适宜种植范围**】　河南省文冠果适生区。

【**栽培管理技术**】　选择土层深厚的向阳地块，进行合理群植，间距不少于2m；文冠果树形宜以多主枝丛生型为主，冬季落叶至早春萌芽前进行修剪整形。按照"因树修剪，疏放结合，保持通透，促进开花"的原则进行修剪。具体技术参考《河南林木良种(二)》(2013)'中豫1号'文冠果。

二十二、'嫣红'文冠果

树　　　种：文冠果

学　　　名：*Xanthoceras sorbifolia* 'Yanhong'

类　　　别：优良品种

通过类别：认定(有效期5年)

编　　　号：豫R-SV-XS-007-2016

证书编号：豫林审证字465号

申　请　者：河南省林业科学研究院、灵宝市九麟生态林开发有限责任公司、河南省林业技术推广站、三门峡市林业工作总站

【**品种特性**】　实生选育品种。先花后叶，花序为顶生或腋生总状花序，花瓣5枚，初绽时黄色，基部具橙黄色脉纹，随花开放颜色加深为橙红色，花瓣中上部边缘为狭窄白色的蚀齿状；花瓣倒长匙形，长17~23mm，最宽处达6~12mm，盛花期花序下部的花瓣外反翻弯曲，上部的花呈直立状。花径2.5~3cm。盛花期满树是黄花与橙红花，色彩搭配鲜艳。

【**主要用途**】　观赏树种；种子可榨油。

【**适宜种植范围**】　河南省文冠果适生区。

【**栽培管理技术**】　同'火焰'文冠果。具体技术参考《河南林木良种(二)》(2013)'中豫1号'文冠果。

二十三、'春雪'流苏

树　　　种：流苏树

学　　　名：*Chionanthus retusus* 'Chunxue'

类　　　别：优良品种

通过类别：审定

编　　　号：豫S-SV-CR-013-2016

证书编号：豫林审证字479号

申　请　者：黄河科技学院

【品种特性】　实生选育品种。实生苗3年开花，用嵌芽法嫁接，翌年开花，比同地区提前10天左右开花。遗传稳定性好，抗逆性强，具有一定的抗盐能力，无明显病虫害。

【主要用途】　观赏树种。

【适宜种植范围】　河南省流苏树适生区。

【栽培管理技术】

1. 苗木培育

流苏树可采取播种、扦插和嫁接等方法繁殖，播种繁殖和扦插繁殖简便易行，且一次可获得大量种苗，故最为常用。

(1)播种繁殖

●种子处理。9月中旬至10月上旬，流苏树果实呈蓝紫色，此时选择生长健壮、树形圆满、无病虫害的母株进行采种。采收后进行水选，将成熟度不高的种子及虫蛀种子飘浮捞出得到纯净的种子。将种子在温水中浸泡48小时，同时放入0.1%的高锰酸钾进行种子消毒。结合浸泡，用手搓去种子表层的褐色表皮，以利于种子发芽。捞出后置通风阴凉处阴干，用湿沙进行贮藏，沙种比为3:1，覆盖麻袋进行保湿。种子贮藏期间，每隔半月进行喷水翻拌一次。喷水量以沙湿润为好，水量过大易导致种子腐烂。翌年3月中旬，40%左右的种子露白即可进行播种。

●整地：育苗圃地应选择排水良好、深厚肥沃的地块，一般采用高垄播种，垄距25cm，垄高15cm。用经腐熟发酵的动物粪肥做基肥，用量为每亩3000kg。

●播种：采用条播，行距为20cm，播种沟深度为2cm。将已催芽的种子均匀地播在播种沟内，每亩播种量为20kg左右，播种后覆盖细土，轻轻踏实后，漫灌一次透水，3天后覆草保湿。在播后25天左右，幼苗开始出土。当幼苗长至高10cm左右时，选择阴天进行间苗。夏季光照强时要及时搭盖荫棚进行遮荫，大雨后要及时将圃地内的积水排除。此后的管理中，要保持圃地土壤呈半墒状态，并加强中耕除草。通过管理，流苏树一年生苗可至高1~1.2m。

(2)扦插繁殖　扦插繁殖一般多在7~8月进行，选取当年生半木质化枝条，将其剪成长12~15cm的插穗，插穗上口平，下口呈马蹄形。基质选用沙壤土，使用前用五氯硝基苯进行消毒，消毒后进行一次大水漫灌，待基质呈大半墒状态时，可进行扦插。扦插前插穗沾ABT生根剂，株行距为10cm×20cm，扦插后每7天浇一次透水，每天早晚进行一次喷雾，9~18点要进行遮荫，入冬前在圃地内满施一次农家肥，浇足浇透封冻水，用塑料薄膜搭设拱棚，以利于其安全越冬。第二年加强水肥管理，第三年春天可进行移栽。

2. 栽植

栽植一般在春季进行，栽植穴根据苗木树龄和根系状况而异。栽植前应穴施基肥，并对苗木根系进行适当修剪，栽植过程中要注意保护根系，根在穴内要舒展，埋土深度不宜超过原在苗圃的深度，填土踩实扶正，立即浇透定根水。

在大田中整畦，漫灌浇水，每亩栽植 20000 株；株行距 30cm × 10cm；2 年后可用嫁接桂花的砧木。若培养绿化苗，可逐年从中移植，根据株行距进行移植、培养大苗，苗木移栽宜在春、秋两季进行，小苗与中等苗需带宿土移栽，大苗带土球。

流苏树喜肥，夏季应中耕除草，保持土壤疏松，一年生苗可长高至 0.8 ~ 1.2m，地径 1cm，3 年生长达到 3 ~ 4cm，用于绿化。

3. 肥水管理

（1）施肥　流苏树在栽培过程中，特别是栽植的头 3 年，要加强水肥管理。栽植时要施入经腐熟发酵有机肥作基肥，基肥与栽植土充分拌匀，并施一次氮肥以提高植株长势，秋末结合浇防冻水施一次腐叶肥或芝麻酱渣。翌年 5 月初施一次氮肥，8 月初施用一次磷钾肥，秋末施一次半腐熟发酵的牛、马粪肥，第 3 年可按第 2 年的方法进行施肥。从第 4 年起，只需每年秋末施一次足量的腐熟的牛、马粪肥即可。

（2）浇水　流苏树喜湿润环境，栽植后应马上浇透水，5 天后浇第二次透水，再过 5 天浇第三次透水，此后每月浇一次透水。华北地区 7 ~ 8 月是降水丰沛期，可不浇水或少浇水，大雨后还应及时将积水排除。秋末要浇好防冻水。翌年 3 月初及时浇返青水。北方春季干旱少雨，春季风大且持续时间长，4 月上旬和中旬要各浇一次透水。第 3 年可按第 2 年的方法进行浇水，第 4 年后每年除浇好封冻水和解冻水外，天气干旱降水不足时也应及时浇水。

4. 修剪整修

流苏树在园林应用中，常见的有单干型和多干型两种树型。

（1）单干型　小苗长到高 1.5m 左右时，于冬剪时将主干上的侧枝全部疏除，只保留主干，并对主干进行短截，第 2 年在剪口下选留一个长势健壮的新生枝条作主干延长枝培养，其它的新生枝条全部疏除，秋末继续对主干延长枝进行短截，第 3 年春季，在剪口下选择一个长势健壮且和第 2 年选留枝条的方向相反的芽作主干延长枝培养，此后继续按先前方法进行修剪，直至达到需求的高度。然后再对主干进行短截，翌年在剪口下选择三、四个长势健壮，且分布均匀的枝条作主枝培养，主枝长至一定长度后可进行短截，并选留侧枝。至此，乔木状树型基本形成，以后只将冗杂枝、病虫枝、下垂枝、干枯枝剪除即可。

（2）多干型　在苗圃阶段，可选留 3 ~ 4 个长势健壮大枝作为主干培养，以后在主干上选留角度好，长势均衡的分枝作为主枝培养，选留主枝时一定要注意不能交叉，要各占一方。此后的修剪要选角度较大的上部枝条作延长枝，并对其进行中、短截。这样做的目的有两个，一是扩大树冠，二是利于树冠的通风透光。

【病虫害防治】

(1)褐斑病　为流苏树常见的病害，由半知菌类真菌侵染所致，在高温、高湿期极容易发生。发病初期叶片出现多个褐色小斑点，随着病情的发展，病斑逐渐扩大，并能连接在一起，最终整个叶片干枯而脱落。

防治方法：①加强水肥管理，注意通风透光。②病害发生时用75%百菌清可湿性粉剂800倍液或50%多菌灵可湿性粉剂500倍液进行防治，每10天一次，可有效控制住病情。

(2)黄刺蛾　防治方法：①成虫可采用灯光诱杀。②在幼虫发生初期，喷洒20%除虫脲悬浮剂7000倍液或25%高渗苯氧威可湿性粉剂300倍液进行杀灭。

(3)金龟子　5月当小苗长出之时，金龟子幼虫可将幼根咬断，造成幼苗死亡。

防治方法：用辛硫磷配成溶液后进灌根，亩施1kg兑水即可，或用敌百虫1000倍液喷叶进行防治成虫。

'箭杆1号'毛白杨

'吉德1号'杨

'豫杂6号'白榆

'豫杂 7 号'白榆

'豫桐 1 号'泡桐

'豫桐 2 号'泡桐

'豫桐 3 号'泡桐

'中桐6号'泡桐

'中桐7号'泡桐

'中桐8号'泡桐

'中桐9号'泡桐

'中宁金丝'楸

'中洛金丝楸'楸树

'中宁盛'核桃

'中宁异'核桃

'中洛红'核桃

'荣源4号'核桃

'中核帅'核桃

'中核丰'核桃

'宁林鲜'核桃

'中核1号'核桃

'中核2号'核桃

'洛核1号'核桃

'洛核2号'核桃

'洛核强'核桃

'中洛繁星'小果胡桃

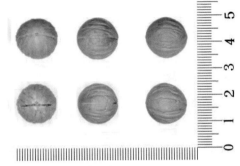

'中洛繁星'小果胡桃坚果

'紫魅1号'桑

'华仲16号'杜仲结果枝

'华仲 17 号'杜仲结果枝

'华仲 18 号'杜仲结果枝

'华仲 19 号'
杜仲

'华仲 20 号'
杜仲

'华仲 21 号'
杜仲

'华仲22号'
杜仲

'华仲23号'
杜仲

华仲24号'杜仲

'华仲25号'杜仲

'华仲26号'杜仲

'玉香蜜'梨

'玉香美'梨

'早红玉'梨

'国庆红'苹果

'金翠'苹果

'华星'苹果

'维拉米'树莓

'中桃绯玉'桃

'黄金蜜桃 1 号'

'豫农蜜香'桃

'兴农红 2 号'桃

'中桃6号'桃

'中油18号'桃

'中油金帅'桃

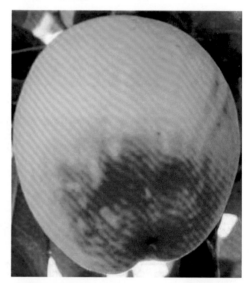

'豫金蜜1号'桃

'豫金蜜2号'桃

'中桃9号'桃

'中油15号'桃

'中油20号'油桃

'中油金冠'油桃

'中蟠13号'桃

'中蟠15号'桃

'中蟠17号'桃

'中蟠19号'桃

'中油蟠5号'桃

中油蟠9号'桃

'中扁4号'长柄扁桃

'中扁5号'长柄扁桃

'中扁6号'长柄扁桃

'中扁7号'长柄扁桃

'中仁2号'杏

'中仁3号'杏

'红艳'杏

'玫硕'杏

'中仁5号'杏

'中仁6号'杏

'中仁7号'杏

'黄金油'杏

'早红香'李

'春雷'樱桃

'春露'樱桃

'春晖'樱桃

'豫皂1号'皂荚

'豫皂2号'皂荚

'豫皂3号'皂荚

豫林1号'皂荚

'宝香丹'花椒

'豫选1号'省沽油

'豫选 2 号'省沽油

'豫选 3 号'省沽油

'新郑红 3 号'枣

'新郑红9号' 枣

'红艳无核' 葡萄

'摩尔多瓦' 葡萄

'燎峰' 葡萄

'红巴拉多' 葡萄

'竹峰' 葡萄

'金艳无核' 葡萄

'中葡萄 10 号' 葡萄

'中葡萄 12 号' 葡萄

'豫油茶 1 号' 油茶

'豫油茶 2 号' 油茶

'中石榴 2 号' 石榴

'中石榴 8 号' 石榴

'中石榴 8 号' 石榴植株

'玛丽斯' 石榴

'慕乐' 石榴

'豫农早艳' 石榴

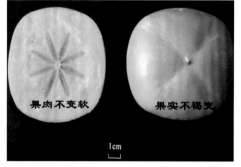

'刀根早生' 柿

'中柿 5 号' 柿

彩 页

'平核无'柿

'将军帽'柿

'阳丰'甜柿

'金红'杨

'温县'苦楝种子园

'彩砧1号'青杨

'炫红'杨

27

'靓红'杨

'金花叶'北美枫香

'豫红1号'蜡梅

'豫乔1号'蜡梅

'豫素1号'蜡梅

'金帅'木瓜

'园博荣光'月季

'红线菊'桃

'粉线菊'桃

'粉垂菊'桃

'万重粉'桃

'嫣粉娇香'桃

'鸳鸯'桃

'鸳鸯'桃果实并生

'金叶'刺槐

'黄金'楝

'红梢'重阳木

'新绿1号'丝棉木

'火焰'文冠果

'嫣红'文冠果

'春雪'流苏